K-MOOC 활용법

이 책의 무료 강의와 보충 자료는 K-MOOC에서 볼 수 있습니다.

❶ QR코드를 인식하거나 또는 wwwdev.kmoocs.kr에서 책 제목과 저자를 검색하여 강의를 찾으면 됩니다.

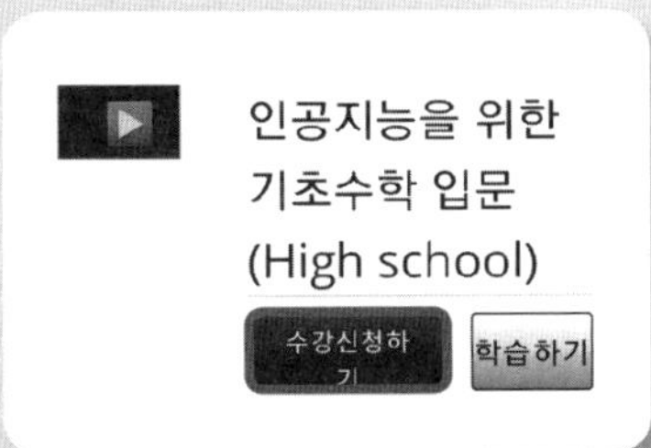

❷ '수강신청하기'를 클릭합니다.

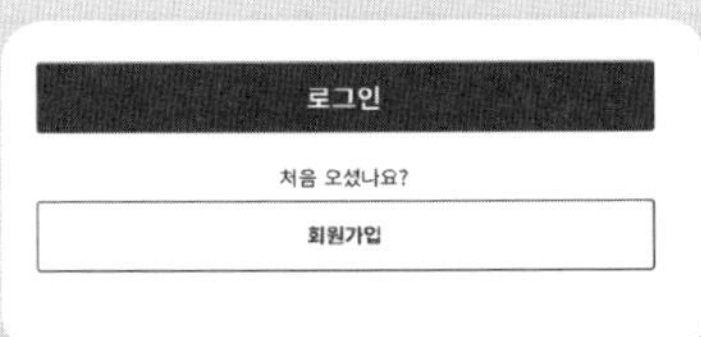

❸ 로그인 또는 회원가입을 합니다.

❹ '학습하기'를 클릭합니다.

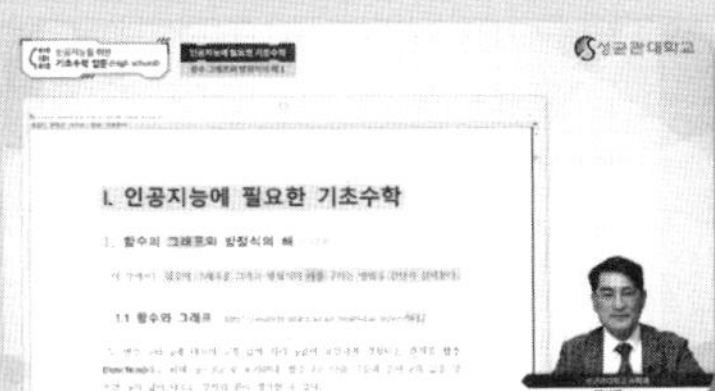

❺ 원하는 단원의 강의를 선택하여 시청할 수 있습니다.

Introductory Mathematics for Artificial Intelligence

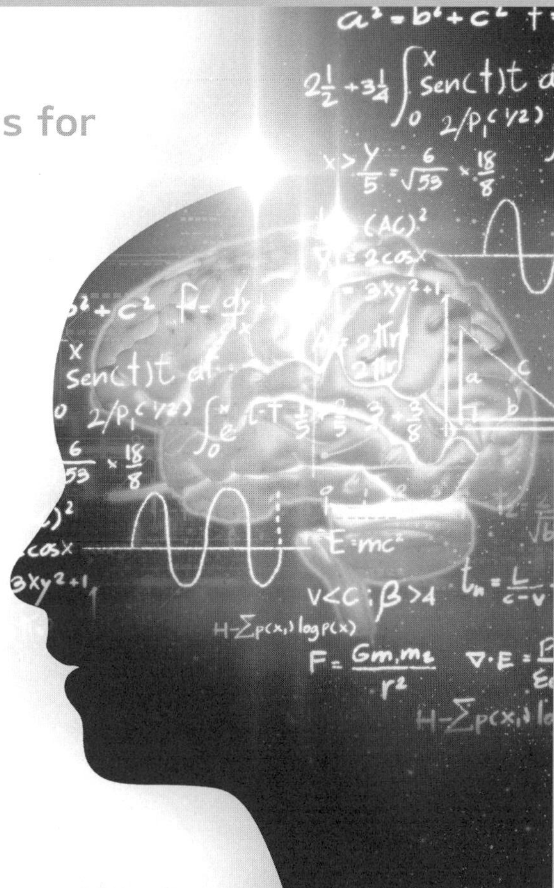

AI 인공지능을 위한 기초수학 입문

이상구 · 이재화 · 함윤미 · 박경은 지음

KM 경문사

인공지능을 위한
기초수학 입문

지은이 이상구, 이재화, 함윤미, 박경은
펴낸이 조경희
펴낸곳 경문사
펴낸날 2020년 10월 30일 1판 1쇄
2022년 9월 1일 1판 4쇄
등 록 1979년 11월 9일 제 1979-000023호
주 소 04057, 서울특별시 마포구 와우산로 174
전 화 (02)332-2004 팩스 (02)336-5193
이메일 kyungmoon@kyungmoon.com

값 17,000원

ISBN 979-11-6073-417-1

차례 Contents

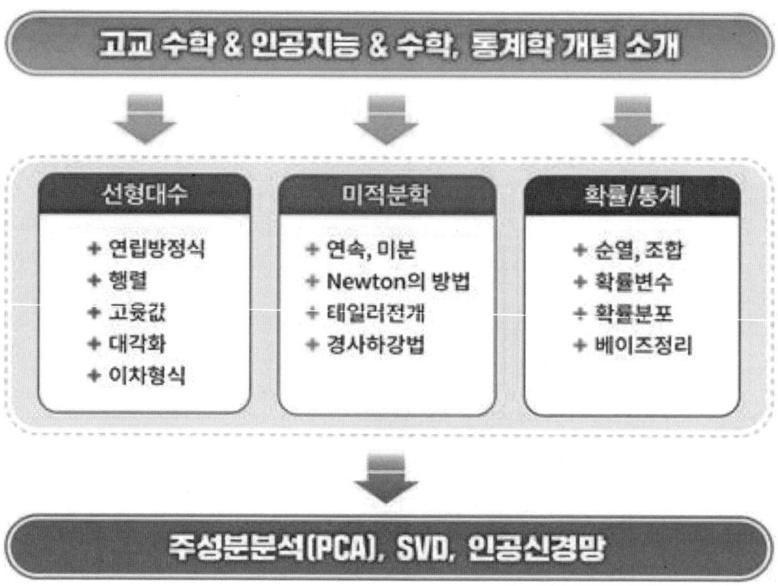
고교 수학 & 인공지능 & 수학, 통계학 개념 소개
선형대수
+ 연립방정식
+ 행렬
+ 고윳값
+ 대각화
+ 이차형식
미적분학
+ 연속, 미분
+ Newton의 방법
+ 테일러전개
+ 경사하강법
확률/통계
+ 순열, 조합
+ 확률변수
+ 확률분포
+ 베이즈정리
주성분분석(PCA), SVD, 인공신경망

• 저자 소개

이상구 교수 http://matrix.skku.ac.kr/sglee/vita/LeeSG.htm

현재 성균관대학교 자연과학대 학장이며 수학과 교수이다. 성균관대를 졸업하고 미국 유타주립대학교에서 석사(1987년)와 박사학위(1991년)를 취득했다. 2014년 8월 서울에서 개최한 국제수학자대회(ICM 2014) 조직위원회 문화위원, 국제선형대수학회(ILAS 2014) 공동조직위원장, 2012년 서울에서 열린 제12차 국제수학교육대회(ICME-12) 조직위원회 기획위원, 대한수학회 전산수학분과 위원장, 한국교육개발원 영재고교 교육과정위원회 위원, 대입 수능시험 출제위원, BK21 수학적 모델링 HRD 사업단 단장, 국제선형대수학회(ILAS) 교육위원회 위원, 대한수학회 수학교육분과 위원장, 한국수학사학회 정보이사, 한국수학교육학회 편집이사, 대한수학회 부회장, 한국수학교육학회 회장을 역임했다. 제22회 스승의 날에는 부총리 겸 교육인적자원부 장관 표창을 받았다. 행렬론 분야 150여편의 학술논문과 『Calculus with Sage』, 『현대선형대수학 with Sage』, 『수학과 문화』, 『한국 근대수학의 개척자들』 등 10여 권의 저서와 역서 『사회와 수학 - 400년의 파란만장』, 『수학, 형식과 기능』, 『이산수학』 및 대학생용 『(빅북-한글) 선형대수학』, 『(온드림 빅북-영문) Linear Algebra』, 『인공지능을 위한 기초수학』 교재와 전자교재를 저술하여 무료로 공유하였다.

• 공동 저자

이재화 박사

현재 성균관대학교 KIURI 사업단 박사 후 연구원,
최적화이론과 계산수학, 사회수학, 대학수학교육 전공

함윤미 교수

현재 경기대학교 수학과 교수,
편미분방정식, 대학수학교육, 계산수학 전공

박경은 박사

현재 성균관대학교 수학교육과 겸임교수,
수학교육학, 교사교육 및 대학수학교육 전공

서문 Preface

생산 가능 인구의 감소 등 사회 구조 및 고용 환경이 빠르게 변화하고 있다. 이러한 변화의 하나로서, 인공지능(Artificial Intelligence, AI)의 비약적인 발전을 들 수 있다. 〈K-MOOC 인공지능을 위한 기초수학 입문〉은 인공지능이 어떤 수학적 원리로 작동하는지를 이해하는데 필요한 기본적인 수학을 고등학교 1학년 정도의 수학 지식을 갖춘 일반인은 누구라도 쉽게 관련된 행렬, 도함수, 통계 내용을 이해하고 실습할 수 있도록 서술하였다.

인공지능이란 인간처럼 사고하는 시스템을 말한다. 현재 인공지능은 우리가 느끼지 못하는 사이에 우리 삶의 거의 모든 곳에서 사용되고 있다. 예를 들어, 매일 사용하는 스마트폰에는 빅스비(Bixby)나 시리(Siri)와 같은 음성인식 비서가 있고, 사진 속의 얼굴을 인식하는 프로그램이 있으며, 보고 싶은 동영상, 음악을 추천해주는 시스템 등이 있다. 또한 인공지능 로봇이 앞으로 다양하고 힘든 일을 인간 대신 실제로 해줄 것을 잘 알고 있다. 이미 공장, 도로, 심지어 집에서도 로봇이 우리를 위해 일하고 있으며, 미래에 인공지능 로봇이 직장에서 인간의 업무까지 대신하게 되면 우리가 출근할 이유가 없어질지도 모른다. 그러나 우리는 인공지능에 대해 무작정 두려워할 필요는 없다. 그 대신 인공지능이 도대체 무엇인지 그리고 어떻게 작동되는지 기본 원리를 이해하면 된다. 이 책은 바로 그런 취지에서 준비되었다. 즉, 고등학생과 일반인 누구라도 인공지능을 이해하는 것을 목표로, 주 저자가 쓴 수학동아 『주니어매스』 원고와 대학생용 교재 『인공지능을 위한 기초수학』을 활용하여 미국, 일본, 중국의 고등학교 인공지능 수학 교수・학습 내용의 순서에 따라 우리나라 고등학교 2학년 이상이면 누구나 이해할 수 있도록 K-MOOC 교재와 강의록이 완성되었다. 그 결과 관심 있는 모든 고등학생과 일반인들이 인공지능에 필요한 전반적인 용어와 개념을 접하고, 직접 개발한 파이썬 코드를 활용하여 실제 문제해결 경험을 갖추어, 고급 AI 수학에 잘 준비되도록 저술하였다. 이 책의 저술에 영감과 조언을 아끼지 않은 성균관대 신동렬 총장님, 정보통신대 정태명 학장님과 검토 및 윤문해 주신 수원대 이상욱 교수님, 프로키언 이재윤 대표님, 김응기 박사님에게 감사한다.

〈생각해 보기〉 AI란 무엇인가? https://youtu.be/8oTM9n5OUBY

인공지능 로봇, 빅데이터, 사물인터넷, 3D 프린팅, 드론, 무인자동차, 스마트 시티 등의 분야는 모두 수학과 정보통신기술의 접목을 통하여 일상의 문제를 해결하는 것이라고 할 수 있다. 인공지능은 매직(Magic)이 아니라 수학 그 자체이다. 1950년대에 시작된 인공지능에 대한 연구의 발전은 1990년대 들어서 선형대수학, 확률과 통계, 최적화 이론, 이산수학 등을 기반으로 하는 수학적 지식에 기인한 통계적 학습이론, 서포트 벡터 머신, 확률 그래프 모델 등의 수학적 모형과 알고리즘의 개발에 힘입어 암흑기를 극복하였다.

특히, 특잇값 분해(SVD), 차원 축소(dimension reduction), 경사하강법, 공분산 행렬, 주성분분석(PCA), 최적화 이론과 같은 수학적 지식은 머신러닝과 딥러닝을 포함한 인공지능의 발전에 결정적인 기여를 하였다. 이 책에서는 이런 용어와 개념 및 코드를 소개한다. 인공지능의 시대에 필요한 지식의 의미에도 변화가 오게 될 것이고, 인공지능 시대에 살면서, 학생들은 교육환경의 변화에 능동적으로 대응하여 다른 사람과 협동하면서 과제를 해결해 나가는 능력과 다양한 정보를 파악하고, 지식 개념적인 이해를 공유하고, 이해한 정보를 재구성하여 발표하는 등 새로운 가치를 생산하는 소양이 요구된다. 이 책은 그런 경험을 제공할 것이다.(절의 번호 앞에 * 표시가 있는 경우 학생의 수준과 진도를 고려하여 생략할 수 있다.)

읽을거리 1

수학동아 2020년 5월호 [인공지능, 수학으로 타파]
인공지능이란?
http://www.polymath.co.kr/contents/view/18109?page=1

다짜고짜 퀴즈!

인공지능을 둘로 쪼개면 무엇일까요?

답은 '**수학**'과 '**코딩**'입니다!

인공지능 스피커, 인공지능 번역기 등은 모두
수학 이론과 논리에 의해 만들어졌고,
코딩으로 컴퓨터에 구현되거든요.

제4차 산업혁명의 핵심인 인공지능은
전공에 관계없이 꼭 익혀야 할 기술이 되었습니다.

미국, 중국 등의 선진국이 초등학생용 인공지능 교과서를
만든 사실이 이를 뒷받침하고 있죠.

부담 갖지 말고 가볍게 읽어 보세요~. 시작합니다!

인공지능이란?

글 _이상구 교수(성균관대학교)
이재화 박사(성균관대학교)

인공지능의 역사: 앨런 튜링부터 알파고까지

인공지능이란 무엇일까요? 컴퓨터가 인간의 뇌처럼 작동하는 것? 사진을 인식하거나 자율주행 같은 일을 수행하는 능력을 가진 그 무엇? 이것들은 인공지능의 특징을 서술하는 개념일 뿐 정확한 정의는 아닙니다. 최근 뉴스나 광고에서 인공지능뿐 아니라 머신러닝(기계학습), 딥러닝 등의 용어가 심심치 않게 등장하는데, 이것들이 무엇인지 알려면 인공지능이 무엇인지부터 정확하게 알아야 합니다. 이를 위해 '인공지능'이란 개념이 처음 등장한 약 70여 년 전으로 가보죠.

1940~1950년대부터 수학자와 과학자는 기계가 사람의 지능을 흉내 낼 수 있을지를 탐구했습니다. 그 시작은 '컴퓨터 과학의 아버지' 앨런 튜링(Alan Turing, 1912-1954)이 컴퓨터를 발명하면서 시작됐습니다. 튜링은 1937년에 발표한 논문 'On Computable Numbers, with an Application to the Entscheidungsproblem'에서 현대 컴퓨터의 원리인 튜링 기계를 고안했고, 1950년 발표한 논문 'Computing Machinery and Intelligence'에서 '튜링 테스트'를 고안해 '언제 기계가 사람과 같은 지능을 가졌다고 말할 수 있을까'라는 질문에 대답했죠.

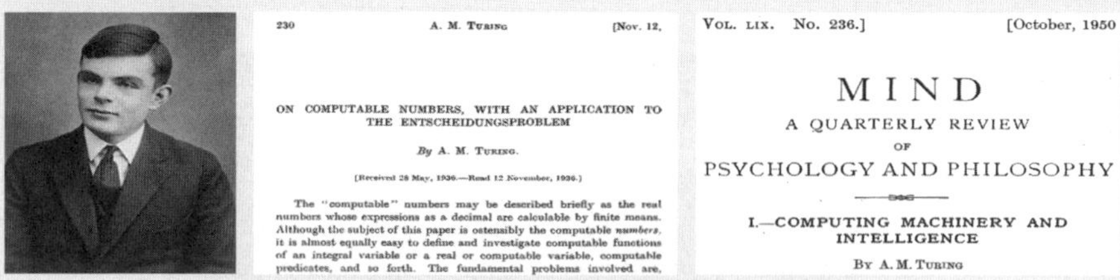

앨런 튜링과 그의 기념비적인 논문

1951년 '인공지능의 아버지' 마빈 민스키(Marvin Minsky, 1927-2016)는 세계에서 처음으로 40개의 인공 뉴런을 가진 신경망 기계인 SNARC(Stochastic Neural Analog Reinforcement Calculator)를 개발했는데, 이것은 사람의 신경이 신호를 전달하는 과정을 흉내 내 만든 최초의 신경망이었습니다.

1956년 민스키는 존 맥카시(John McCarthy), 클로드 섀넌(Claude Shannon), 나단 로체스터(Nathan Rochester)와 함께 미국 뉴햄프셔 주 하노버에서 열린 학술회의 〈다트머스 회의〉 에서 처음으로 인공지능(Artificial Intelligence)이라는 용어를 제시했습니다. 민스키는 이 회의를 비롯해 인공지능 연구의 초석을 다지며 1969년 컴퓨터 과학의 노벨상으로 불리는 '튜링상'을 받습니다.

다트머스 회의

'인공지능'이라는 분야를 확립한 학술회의로, 미국 다트머스대학교의 존 매카시가 1956년 개최했다. 8주 동안 진행됐으며 당시 컴퓨터 학자들이 모여 브레인스토밍하는 장이었다. 존 매카시는 회의를 위한 제안서 〈AI에 관한 다트머스 여름 연구 프로젝트 제안서〉에서 인공지능의 핵심 역할을 다음과 같이 밝혔다.

> "기계가 인간의 언어를 사용하고 추상화와 개념을 형성하며, 현재 인간들이 다루는 문제를 해결하고, 스스로를 개선하는 방법을 찾기 위한 시도가 이루어질 것이다. 우리는 신중하게 선정된 과학자 그룹이 여름 동안 모여 함께 연구한다면 이 문제 중 하나 또는 그 이상에서 상당한 진보를 이루어 낼 것으로 생각한다."

다트머스 회의에 참석한 학자들(1)

다트머스 회의에 참석한 학자들(2)

1963년 미국 고등연구계획국(DARPA)은 미국 매사추세츠공과대학교(MIT)에 200만 달러를 투입해 Project MAC(Mathematics and Computation)를 시작했습니다. 얼마 지나지 않아 민스키와 맥카시가 이 프로젝트에 참여해 비전 및 언어 이해와 관련된 연구를 수행했고, 초기 컴퓨터 과학 및 인공지능 인재를 양성했습니다. 이 프로젝트는 MIT의 유명한 컴퓨터 과학 및 인공지능 실험실(MIT CSAIL)의 전신이 되었습니다.

1964~1966년 사이 세계 최초의 자연어 대화 프로그램인 엘리자(ELIZA)가 조셉 와이젠바움(Joseph Weizenbaum) 교수에 의해 개발되기도 했으나, '비전'과 '언어 이해'의 역할이 무엇인지에 대한 개념이 모호했고 당시 컴퓨터의 계산 능력이 부족해서 인공지능의 발전이 지체되기 시작합니다.

1960~1970년대 미국의 컴퓨터과학자 에드워드 파이겐바움(Edward Feigenbaum) 교수가 최초로 전문가 시스템에 대한 연구를 시작해 1970년대에는 스탠퍼드대학교의 과학자들이 사람이 수동으로 만든 600개의 규칙에 의해 혈액의 감염을 진단하는 시스템인 MYCIN을 개발했습니다. 1980년대에 들어 전문가 시스템과 인공신경망 등의 새로운 진전이 있었는데, 특히 카네기멜론대학교는 DEC 회사를 위해 전문가 시스템인 XCON을 개발했습니다. 이를 통해 고객의 수요에 근거해 컴퓨터 부품을 조합하면서 DEC 회사는 당시 매년 4000만 달러를 절약할 수 있었죠.

전문가 시스템

인공지능으로 하여금 의사, 과학자 등 전문가들의 사고 과정을 흉내 내 전문가의 업무를 흉내내도록 하는 일을 기계학습으로 가능하게 할 수 있을까?

1970년에는 인공신경망 연구의 발전을 거듭했습니다. 미국의 물리학자 존 홉필드(John Hopfield)는 새로운 형태의 네트워크 형식을 제안해 '연상메모리'라는 메커니즘을 도입했고, 1986년 캘리포니아대학교의 심리학자 데이비드 럼멜하트(David Rumelhart)는 토론토대학교의 컴퓨터과학자 제프리 힌튼(Geoffrey Hinton), 노스이스턴대학교의 컴퓨터과학자 로널드 윌리엄스(Ronald Williams)와 함께 기념비적인 논문을 발표했습니다.

이 논문에서 '오차역전파법(Backpropagation, 백프로퍼게이션)'이 신경망의 은닉층을 효과적으로 학습시킬 수 있다는 것을 보여주었고, 이때부터 오차역전파법은 인공신경망의 학습에 광범위하게 이용되고 있습니다.

1970년대에 들어서 인공지능 연구자들은 좀 더 탄탄한 수학적 기초를 세우기 위해 선형대수학, 확률 및 통계, 최적화 이론, 이산수학 등 수학적인 도구를 도입하기 시작했습니다. 이로부터 통계적 학습 이론, 서포트 벡터 머신, 확률 그래프 모델 등의 수학적 모형과 알고리듬이 개발됐죠.

21세기에 들어 인터넷의 발전과 더불어 데이터의 양이 폭발적으로 늘어나고 GPU 같은 계산 자원의 발달로 인공지능은 새로운 전기를 마련했습니다. 2012년 이미지 인식 대회 ILSVRC(ImageNet Large Scale Visual Recognition Challenge)에서 토론토대학교의 알렉스 넷(Alex Net)이 CNN 기반의 딥러닝 알고리듬으로 우승을 차지하면서 딥러닝 기반의 모델이 음성인식, 이미지 분석, 영상 이해 등 광범위하게 적용됐습니다.

2016년 구글의 딥마인드사가 개발한 '알파고'가 이세돌 9단과의 바둑 대결에서 5판 중 4판을 이기고, 알파고의 업그레이드 버전인 '알파고 마스터'가 중국의 바둑 기사 커제 9단과의 대결에서 전승을 거두면서 세계적으로 인공지능에 관한 관심을 불러일으킵니다.

알파고와 대결하는 이세돌 9단 [사진, 가디안 제공]

인공지능을 대하는 우리의 자세

인공지능을 이해하고 활용하기에 앞서 가장 먼저 할 일은 인공지능이 우리가 이해할 수 있는 이론과 절차에 따라 만들어진 것이라는 것을 이해하는 겁니다. 인공지능은 마술이 아니라 데이터, 규모 및 처리 능력에 의해 구동되는 수학적 알고리듬 모음을 적용하는 것일 뿐입니다.

아마존이 우리에게 책을 추천하기 위해 아마존은 우리의 구매 패턴에 대한 정보를 모으고, 우리가 누구인지 그리고 우리가 다른 사람과 얼마나 비슷한지를 찾아냅니다. 그리고 당신과 비슷한 사람들이 좋아하는 것을 바탕으로 당신에게 새로운 상품을 추천하죠. 즉 우리를 포함한 모든 지능형 시스템의 경우, 현재 진행 중인 상황을 이해하고 이로부터 추론해 다음에 어떤 일이 일어날지 예측합니다.

이런 예측 분석 작업은 기초적인 수학과 행렬이론 그리고 회귀분석이나 시계열분석 같은 수학적 기법을 통해 주어진 과거의 행동을 토대로 미래에 어떤 구매 활동을 할지 추측하는 겁니다. 이미 우리는 음성인식과 자동 검색을 포함해 인공지능과 함께 살고 있으며 앞으로 인공지능은 우리의 생활과 직업에 더욱 큰 영향을 미칠 겁니다. 따라서 이런 인공지능이 어떤 알고리듬으로 구동하는지에 대한 이해는 꼭 필요하죠.

딥러닝은 음성을 인식하고, 이미지나 패턴을 확인하고, 다음 상황을 예측하는 일과 같이 인간이 하는 작업을 수행하도록 컴퓨터를 교육하는 일종의 기계학습(머신 러닝)입니다. 사전에 정의된 수식을 통해 실행되도록 데이터를 구성하는 대신, 주어진 데이터에 초기 변수를 설정해주고, 여러 겹의 처리 계층을 사용하여 패턴을 인식하면서, 컴퓨터가 스스로 학습하도록 훈련하는 겁니다. 이러한 노력은 오늘날 우리가 일상에서 접하고 있는 자동화와 형식 추론 기술의 기틀을 다지는 역할을 하였으며, 이러한 기술에는 사람의 능력을 보완하고 확장할 수 있는 의사 결정 지원 시스템과 스마트 검색 시스템을 포함합니다.

아마존과 넷플릭스가 머신러닝을 이용한 추천 시스템의 개념을 대중화한 것처럼 앞으로 산업 전반적인 분야에서 인공지능이 활용될 것입니다. 이 과정에서 선형대수학과, 미적분학, 그리고 통계학 등 많은 수학적 이론이 사용되는 것은 당연하겠죠?

수학동아 2020년 5월호 [인공지능, 수학으로 타파] 인공지능이란?

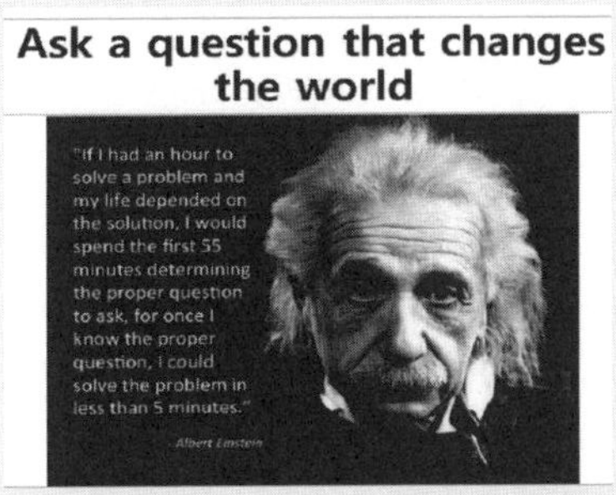

I

인공지능에 필요한 기초수학

1 함수의 그래프와 방정식의 해

이 장에서는 함수의 그래프를 그리고 방정식의 해를 구하는 방법을 간단히 살펴본다.

1.1 함수와 그래프 http://matrix.skku.ac.kr/math4ai-intro/W1/

두 변수 x와 y에 대하여 x의 값에 따라 y값이 유일하게 결정되는 관계를 함수(function)라고 하며, $y=f(x)$로 표기한다. 함수 f는 다음 그림과 같이 x의 값을 넣으면, y의 값이 나오는 상자와 같이 생각할 수 있다.

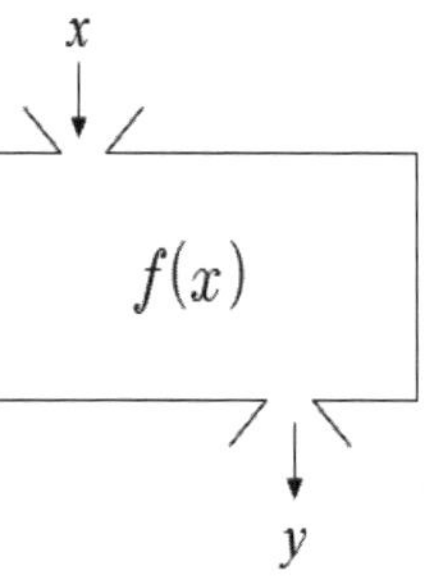

상자 f 에
x를 넣으면 y가 나온다.

이때, 함수 f에 넣을 수 있는 x의 값들의 집합을 f의 **정의역**(domain)이라 하고, x에 대응되는 y의 값들의 집합을 f의 **치역**(range)이라 한다. 그리고 함수 $y=f(x)$에 대하여 x의 값과 그에 대응하는 함숫값 y의 순서쌍 $(x,\ y)$를 좌표로 하는 모든 점을 좌표평면 위에 나타낸 것을 그 함수의 그래프(graph)라고 한다.

고등학교 과정에서 다루는 함수는 다항함수, 유리함수, 삼각함수, 지수함수와 로그함수 등이다. 각 함수를 알아보고 파이썬 기반 Sage 코드를 활용하여 그래프를 그려보자.

1.2 다항함수(polynomial function, 다항식으로부터 유도되는 함수)

$f(x)$가 x에 관한 다항식인 함수를 다항함수라 한다. 대표적으로는 다음과 같다.

(1) 일차함수 $f(x)=mx+b$

(2) 이차함수 $f(x)=ax^2+bx+c$

(3) n차 다항함수 $f(x)=a_n x^n + a_{n-1}x^{n-1} + \cdots + a_2 x^2 + a_1 x + a_0$

Note: "일차함수 $y=mx+b$에서 m은 직선의 기울기, b는 y절편이다."

sage -------- http://matrix.skku.ac.kr/KOFAC/ --------

```
plot( x^3 - 7*x^2 + 2*x - 1 , (x, -3, 8))          # plot(f(x), (x, a, b))
```

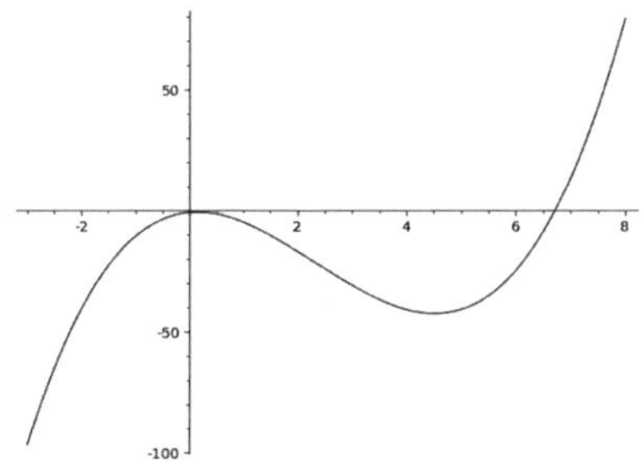

열린 문제 1 **다른 교재에서 찾은 몇 가지 다항함수의 개형을 그리시오.**

[Hint: plot (-x^9 -5*x^4 -130*x^3 -53*x^2 +542*x +3 , (x, -10, 10))]

http://matrix.skku.ac.kr/KOFAC/에서 실습하시오.

1.3 유리함수(有理函數, rational function, 두 다항함수의 비(ratio)로 표현되는 함수)

유리함수는 $f(x)$가 x에 관한 유리식 $\dfrac{P(x)}{Q(x)}$ (여기서 $P(x)$와 $Q(x \neq 0)$는 다항식)인 함수를 말한다. 예를 들어, $y=f(x)=\dfrac{1}{x}$, $y=f(x)=\dfrac{2x^4-x^2+1}{x^2-2}$ 등이 있다.

sage -------- http://matrix.skku.ac.kr/KOFAC/ --------

```
plot((2*x^4 - x^2 + 1)/(x^2 - 2), (x, -5, 5), ymin = -20, ymax = 20, detect_poles
= 'show')
```

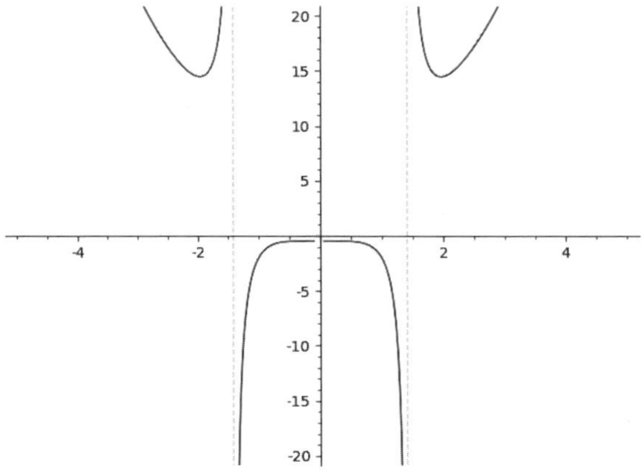

참고 유리함수는 $P(x) \neq 0,\ Q(x) = 0$인 x 값에서 점근선이 생긴다. 따라서 점근선 주변에서는 y의 값이 너무 크거나 또는 너무 작을 수 있어 Sage로 그래프를 그릴 때에 모양이 이상해진다. 이때는 ymin = c, ymax = d와 같은 옵션을 주어 $c \leq y \leq d$ 범위에서만 그림이 그려지도록 하는 것이 좋다. 또한 detect_poles = 'show' 옵션을 이용하여 점근선을 구별해줄 수도 있다.

1.4 삼각함수(trigonometric functions, 각의 크기에 따라 변하는 삼각비를 나타내는 함수)

대표적인 삼각함수는 다음과 같다.

(1) $y = f(x) = \sin x$　　　　(2) $y = f(x) = \cos x$

sage -------- http://matrix.skku.ac.kr/KOFAC/ --------

```
plot(sin(x), (x, -2*pi, 2*pi))  # pi는 π를 의미한다.
plot(cos(x), (x, -2*pi, 2*pi))
```

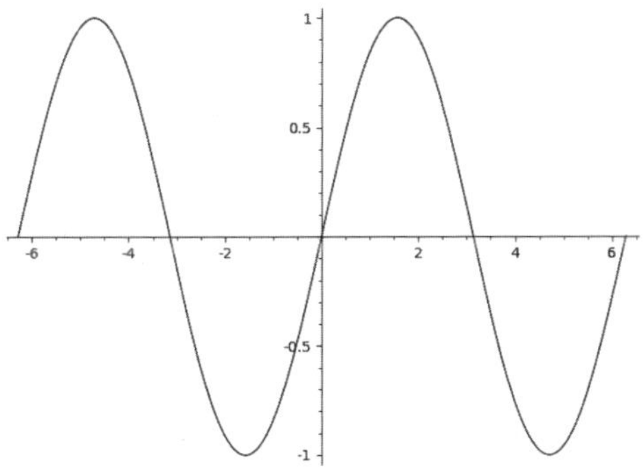

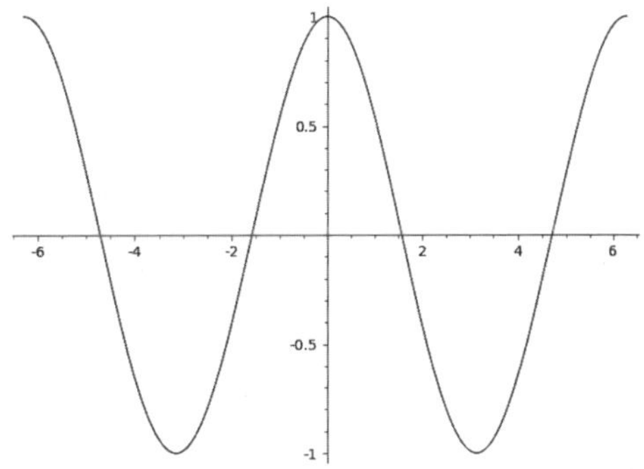

(3) $y = f(x) = \tan x$

-------- http://matrix.skku.ac.kr/KOFAC/ --------

```
plot(tan(x), (x, -2*pi, 2*pi), ymin = -20, ymax = 20, detect_poles = 'show')
```

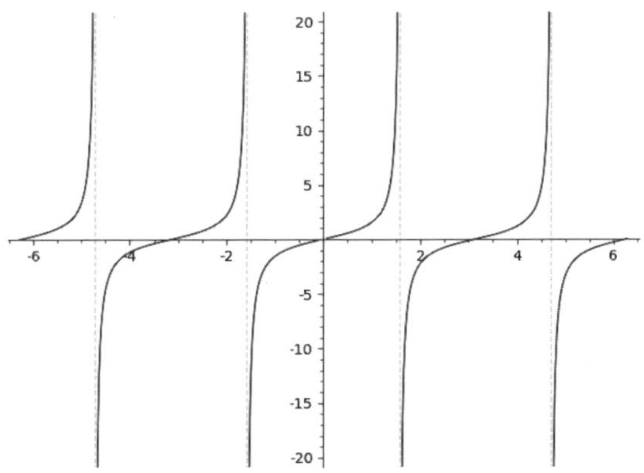

■

삼각함수는 일정한 패턴이 반복되는 주기함수이다. $\sin x$과 $\cos x$의 주기는 2π이고, $\tan x$의 주기는 π이다. $\sin x$과 $\cos x$는 -1부터 1까지의 값을 취할 수 있으나 $\tan x$는 모든 **실수 값**을 취할 수 있다. 그리고 $\tan x$는 $x = n\pi + \dfrac{\pi}{2}, n \in \mathbb{Z}$에서 **점근선을 갖는다.**

◪ 열린 문제 2 $y = x\sin\dfrac{1}{x}$ 그래프의 개형을 그리시오.

[Hint: plot(x*sin(1/x), (x, -2, 2), ymin = -1.5, ymax = 1.5)]

http://matrix.skku.ac.kr/KOFAC/에서 실습하시오.

1.5 지수함수(指數函數, exponential function)와 로그함수(log 함수, logarithm)

임의의 실수 x에 대하여 $y=f(x)=a^x$ (여기서 $a>0,\ a\neq 1$)을 a를 밑(base)로 하는 x의 **지수함수**라고 한다. 지수함수 $y=a^x$는 $a>1$일 때 증가함수, $0<a<1$일 때 감소함수이다.

sage -------- http://matrix.skku.ac.kr/KOFAC/ --------

```
plot(2^x, (x, -3, 3))
```

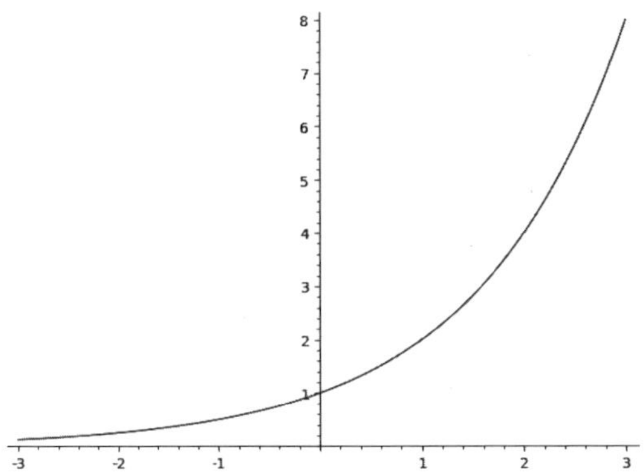

sage -------- http://matrix.skku.ac.kr/KOFAC/ --------

```
plot((1/3)^x, (x, -3, 3))
```

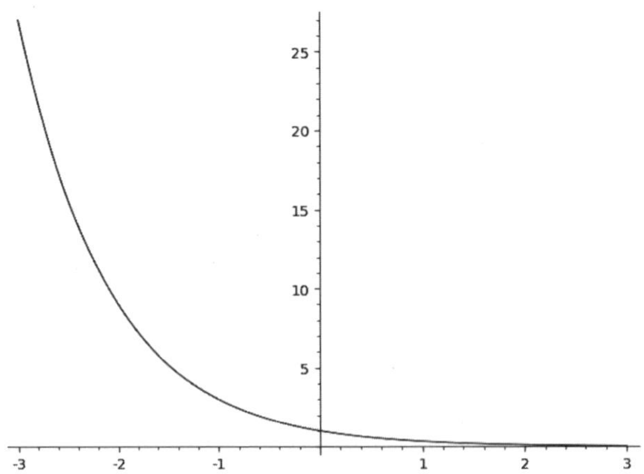

임의의 실수 x에 대하여 $y=f(x)=\log_a x$ (여기서 $a>0,\ a\neq 1$)를 **밑**(base)**이** a**이고 진수**(exponent)**가** x**인 로그함수**라고 한다. **로그함수는 지수함수의 역함수**로 $a>1$일 때 증가함수, $0<a<1$일 때 감소함수이다. **로그함수** $y=f(x)=\log_a x$ **는** $x>0$**인 범위에서만 존재한다.**

sage -------- http://matrix.skku.ac.kr/KOFAC/ --------

```
plot(log(x, 2), (x, 0, 4))
```

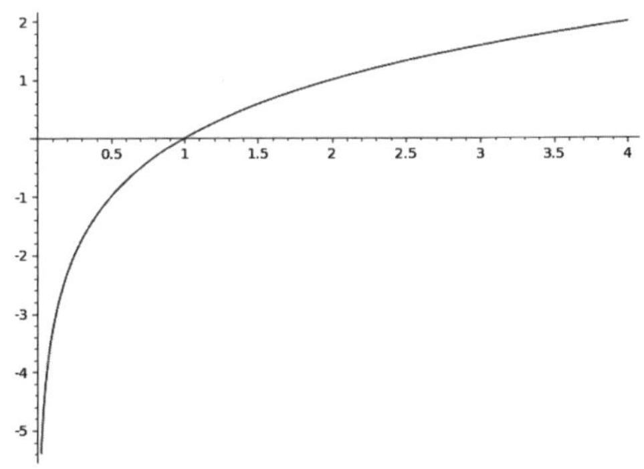

sage -------- http://matrix.skku.ac.kr/KOFAC/ --------

```
plot(log(x, 1/3), (x, 0, 10))
```

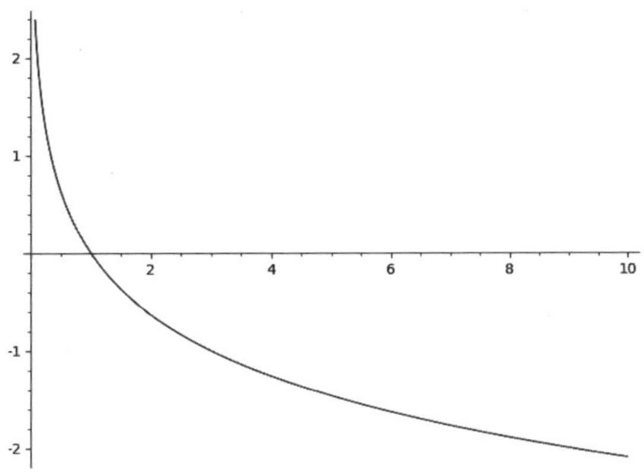

■

◪ 열린 문제 3 앞에서 배운 함수들 중 학습한 함수의 합성함수를 만들고, 그래프를 그리시오.

[Hint: plot(sin(e^(1/3)^x), (x, -1.2, 10))]

http://matrix.skku.ac.kr/KOFAC/ 에서 실습.

실습실

코딩으로 '함수와 그래프' 정복하기

http://www.polymath.co.kr/contents/view/1383?page=1

- 다양한 함수의 그래프 http://matrix.skku.ac.kr/cal-book/part1/CS-Sec-1-3.htm
- Sage 그래프 도구 http://matrix.skku.ac.kr/cal-lab/sage-grapher.html

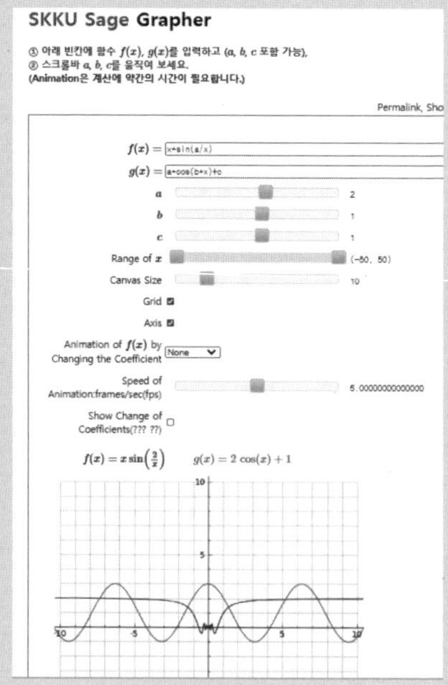

1.6 방정식의 해 (solution)

방정식이란 미지수 x값에 따라서 성립하기도 하고 성립하지 않기도 하는 등식 ($f(x)=0$)을 말한다. 고등학교에서 다루는 방정식으로는 일차방정식, 이차방정식, 삼차방정식 등의 다항방정식과 유리방정식, 무리방정식, 삼각방정식, 지수방정식, 로그방정식 등이 있다. 이런 방정식의 해를 구하는 것은 인공지능은 물론 모든 수학에서 가장 중요한 문제이다. 우리는 코드를 활용하여 그래프를 그리고 (근사)해를 구하는 방법을 간단히 복습하도록 한다.

예제 1 다음 방정식의 해를 구하시오.

(1) $x^2-3x+2=0$

(2) $8x^4-2x^3+7x^2-2x-1=0$

(3) $x+\sqrt{x+5}=1$

(4) $2\sin^2 x+\sin x-1=0$

(5) $\log_2 x=3-\log_2(x+2)$

> ☞ 안내 Sage의 solve 명령어를 이용하여 해결한다. 이때 방정식의 등호는 두 개(==)를 입력해야 한다. 만일 solve 명령어가 입력한 방정식을 그대로 보여준다면, 이는 solve가 해결하지 못하는 방정식이므로 수학적 지식을 이용하여 동치인 다른 방정식으로 바꾸거나 인수분해를 통해 여러 방정식으로 분리하는 등의 과정이 필요하다. (Sage는 복소수 범위의 해도 구한다.)

풀이. (1) $x^2-3x+2=0$을 인수분해하면 $(x-1)(x-2)=0$이므로 $x=1$ 또는 $x=2$.

Sage -------- http://matrix.skku.ac.kr/KOFAC/ --------

```
solve(x^2 - 3*x + 2 == 0, x)    # solve(방정식, x)
```

```
[x == 1, x == 2]
```
■

(2) 같은 방식으로 (중근을 포함) 4개의 해를 구한다.

Sage -------- http://matrix.skku.ac.kr/KOFAC/ --------

```
solve(8*x^4 - 2*x^3 + 7*x^2 - 2*x - 1 == 0, x)
```

```
[x == (1/2), x == (-1/4), x == -I, x == I]
```
■

(3) $x+\sqrt{x+5}=1$을 정리한 $\sqrt{x+5}=1-x$의 양변을 제곱하면 $x+5=1-2x+x^2$을 얻는다. 이런 항등식의 해는 아래와 같이 구할 수 있다.

-------- http://matrix.skku.ac.kr/KOFAC/ --------

```
solve(x + 5 == 1 - 2*x + x^2, x)
```

```
[x == 4, x == -1]
```

■

$1-x \geq 0$ 즉 $x \leq 1$을 만족해야 하므로 $x=-1$이 해가 된다. 이때, **조건에 부합하는 해를 고르는 판단 과정**이 필요할 수 있다.

(4) $2\sin^2 x+\sin x-1=0$을 인수분해하면 $(\sin x+1)(2\sin x-1)=0$ 이므로 두 방정식 $\sin x=-1$, $\sin x=\frac{1}{2}$을 풀어서 조건에 맞는 일반해를 구한다.

-------- http://matrix.skku.ac.kr/KOFAC/ --------

```
solve(2*sin(x)^2 + sin(x) - 1 == 0, x)  # 삼각방정식은 특수각 범위에서 구해줌
```

```
[x == 1/6*pi, x == -1/2*pi]
```

■

여기서 옵션(to_poly_solve = 'force')을 **각각의 방정식에 적용**하면 **일반각**을 얻을 수 있다. 아래의 예에서 z6, z7, z9는 임의의 정수를 의미한다.

-------- http://matrix.skku.ac.kr/KOFAC/ --------

```
solve(sin(x) == -1, x, to_poly_solve = 'force')
        # 또는 show(solve(sin(x) == -1, x, to_poly_solve = 'force'))
```

```
[x == -1/2*pi + 2*pi*z6]
```

(또는 $x=-\frac{1}{2}\pi+2\pi n$) ■

-------- http://matrix.skku.ac.kr/KOFAC/ --------

```
solve(sin(x) == 1/2, x, to_poly_solve = 'force')
```

```
[x == 5/6*pi + 2*pi*z7, x == 1/6*pi + 2*pi*z9]
```

(또는 $\frac{6}{5}\pi+2\pi n, \frac{1}{5}\pi+2\pi n$) ■

(5) $\log_2 x = 3 - \log_2(x+2)$을 정리하면

$\Rightarrow \log_2 x + \log_2(x+2) = 3$ (단, $x > 0$, $x+2 > 0$)

$\Rightarrow x(x+2) = 2^3 = 8$의 해를 바로 그래프를 그려서 구할 수도 있다.

sage -------- http://matrix.skku.ac.kr/KOFAC/ --------

```
var('x') #변수를 1개 지정한다.
y = plot( x*(x + 2)== 8 , (x, -5, 3) ) #이차함수 x*(x + 2) 를 범위와 함께 입력
show(y)
solve(x*(x + 2) == 8, x)  # 구해진 해 중 영보다 큰 값만이 로그함수의 해이다.
```

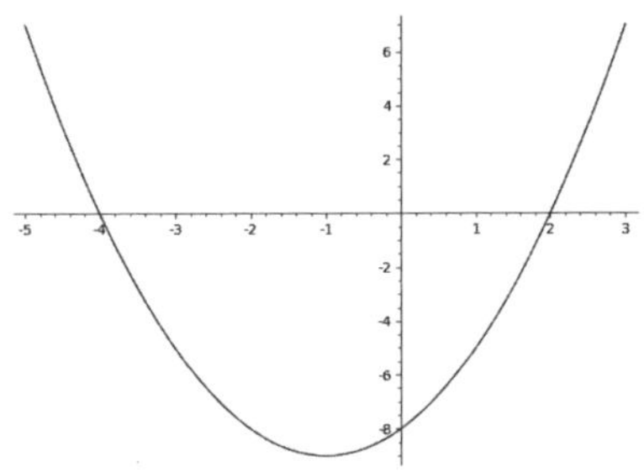

```
[x == -4, x == 2]      # 구해진 해 중 영보다 큰 값만이 로그함수의 해이다. (수학지식)
```

따라서 $x=2$ 만이 해가 된다. ■

solve 명령어로 해결하지 못하는 방정식은 근사해를 구하면 된다. 예를 들어, 다음과 같이 방정식이 있다고 하자.

$$4e^{-x^2}\sin x = x^2 - x + 1$$

먼저 solve 명령어를 활용해보자. 그러면 다음을 얻는다.

sage -------- http://matrix.skku.ac.kr/KOFAC/ --------

```
solve(4*exp(-x^2)*sin(x) == x^2 - x + 1, x)
```

```
[x == -1/2*(sqrt(16*e^(x^2)*sin(x) - 3*e^(2*x^2)) - e^(x^2))*e^(-x^2),
 x == 1/2*(sqrt(16*e^(x^2)*sin(x) - 3*e^(2*x^2)) + e^(x^2))*e^(-x^2)]
```

■

즉, $x = -1/2\left(\sqrt{16e^{x^2}\sin x - 3e^{2x^2}} - e^{x^2}\right)e^{-x^2}$, $x = 1/2\left(\sqrt{16e^{x^2}\sin x - 3e^{2x^2}} + e^{x^2}\right)e^{-x^2}$**와 같이 제공된 답은 우리가 원하는 해가 아니다. 이는 기존의 solve 명령어가 잘 해결하지 못하는 방정식이기 때문이다.** 이런 경우는 그래프를 그려서 쉽게 더 정확한 근사해를 구할 수 있다. 위의 식의 경우 항을 모두 왼쪽으로 옮겨 다음과 같이 쓸 수 있다.

$$f(x) = 4e^{-x^2}\sin x - x^2 + x - 1 = 0$$

따라서 함수 $y = f(x)$의 그래프를 그려 x축과 만나는 x값을 찾으면 된다. 이를 위해 적당한 범위에서 **함수의 그래프를 그린 후 확대해 보면 다음과 같다.**

-------- http://matrix.skku.ac.kr/KOFAC/ --------

```
plot(4*exp(-x^2)*sin(x) - x^2 + x - 1, (x, -2, 2))
```

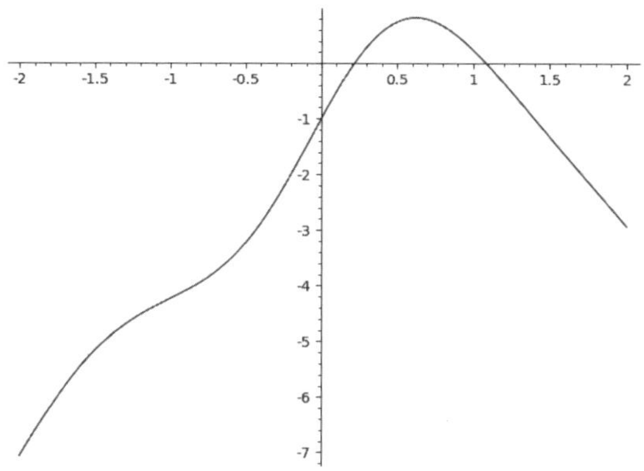

즉, $0 < x < 0.5$와 $1 < x < 1.5$ 사이에 근이 있음을 알 수 있다. 따라서 **범위를 점점 좁혀서** 그래프를 그려가면서 근사해를 감각적으로 구할 수 있다. [중간값 정리 참조, http://matrix.skku.ac.kr/Cal-Book1/Ch4/]

-------- http://matrix.skku.ac.kr/KOFAC/ --------

```
plot(4*exp(-x^2)*sin(x) - x^2 + x - 1, (x, 0.2, 0.23))
```

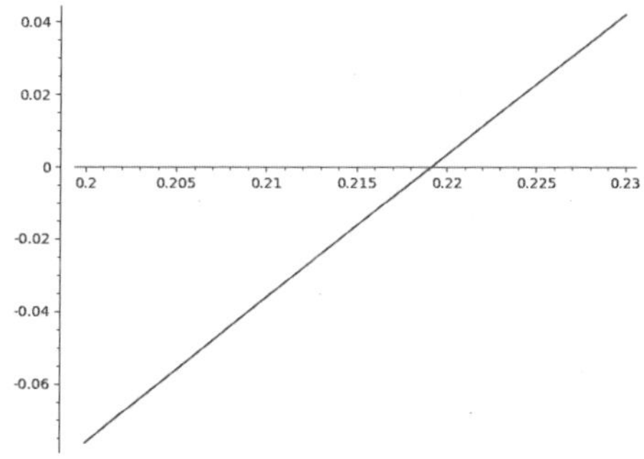

(즉, 0.219 근처에 하나의 해가 있음을 알 수 있다.)

또한 각각의 해 근처에서, find_root 명령어를 사용하여, 근사해를 모두 구할 수 있다. 먼저 $0 < x < 0.5$ 사이에 있는 해를 구하면

sage -------- http://matrix.skku.ac.kr/KOFAC/ --------

```
find_root(4*exp(-x^2)*sin(x) - x^2 + x - 1, 0, 0.5)  # find_root(f(x), a, b)
```

0.21916367723637498

같은 방법으로 그래프에서 본 1과 1.5 사이의 해는 다음 명령어로 구할 수 있다.

sage -------- http://matrix.skku.ac.kr/KOFAC/ --------

```
find_root(4*exp(-x^2)*sin(x) - x^2 + x - 1, 1, 1.5)
```

1.0842246163093805

따라서 근사해는 약 0.22, 1.08**임을 알 수 있다. 이 값이 보통 우리가 원하는 필요한 해이다.** ■

[오늘 살펴본 내용을 활용하면 여러분은 이제 그동안 배운 모든 함수의 그래프를 그릴 수 있으며, 그간 배운 대부분의 방정식에 대한 해(근삿값)를 쉽게 구할 수 있다.]

◪ 열린 문제 4 다른 교재를 참고해서 다양한 방정식의 (근사)해를 구하시오.

http://matrix.skku.ac.kr/math4ai/PBL-Record/ http://matrix.skku.ac.kr/2020-Math4AI-PBL/

https://ko.wikipedia.org/wiki/근_찾기_알고리즘/ http://matrix.skku.ac.kr/KOFAC/에서 실습하시오.

과제 위의 열린 문제를 풀어본 후 간단한 자기소개와 수강동기 및 본인이 요약/실습/질문/답변한 내용을 QnA(문의게시판)에 공유하시오.

II

인공지능과 행렬

선형대수학은 우리가 배우는 수학 중 가장 유용한 수학이라고 알려져 있다. 컴퓨터를 활용하는 거의 모든 응용수학은 전체 또는 부분적으로 행렬계산에 의존한다. 이 장에서는 인공지능에 필요한 선형대수학의 기본내용과 데이터 차원 축소에 꼭 필요한 특잇값 분해(SVD)에 대하여 학습한다.

2 데이터와 행렬 http://matrix.skku.ac.kr/math4ai-intro/W2/

2.1 순서쌍과 벡터

데이터는 **순서쌍**(ordered pair, **순서조** n-tuple)으로 표현할 수 있다. 예를 들어, 어떤 사람의 키, 몸무게, 연령, 성별 등은 그 사람에 관한 **데이터**가 될 수 있고, 이는 다음과 같이 순서쌍(4-tuple)으로 나타낼 수 있다. 여기서 키, 몸무게, 연령, 성별 각각은 데이터를 이루는 성분이다.

사람	키(㎝)	몸무게(㎏)	연령(세)	성별(1:남성, 2:여성)		데이터 표현
김**	160	80	19	1	→	(160, 80, 19, 1)
이**	170	70	27	2	→	(170, 70, 27, 2)
박**	180	56	30	1	→	(180, 56, 30, 1)

특히 성분이 2개(3개)로 이루어진 2차원(3차원) 데이터는 좌표평면(좌표공간)상의 한 점을 나타낸다. 마찬가지로 4차원 이상의 데이터는 우리 눈으로 볼 수 있도록 시각화할 수 없지만, 고차원 공간상에 놓인 점이라고 볼 수 있다. 예를 들어, 아래에서 a_1, a_2를 성분으로 하는 데이터 $(a_1,\ a_2)$는 좌표평면 상의 한 점 A를 나타낸다. 이때 시작점을 원점 O, 끝점을 A로 하는 화살표로 나타낸 것을 **벡터**(vector)라 하고 $\overrightarrow{OA} = \mathbf{a} = (a_1,\ a_2)$로 표기한다. 그리고 벡터를 이루는 각각의 성분은 하나의 숫자로 이루어져 있는데 이를 스칼라(scalar)라고 한다.

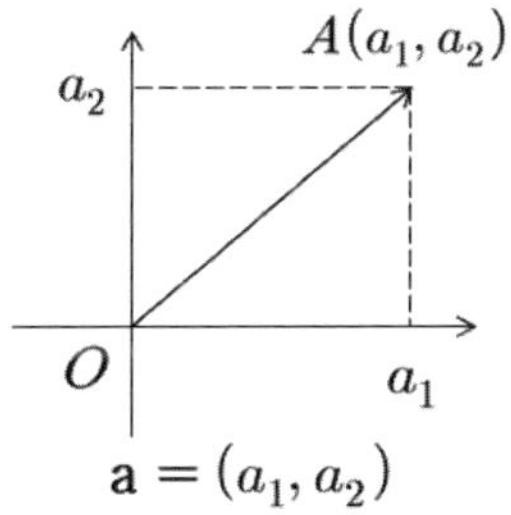

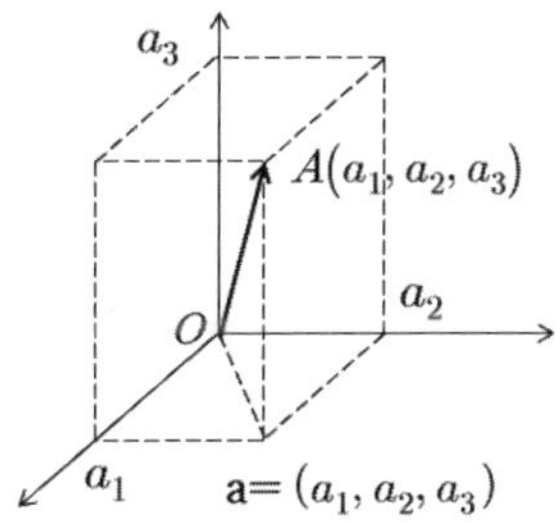

2.2 벡터 연산

벡터에는 다음과 같은 연산이 정의된다.

(1) **실수배** (scalar multiplication) : 실수 k와 벡터 (a, b)에 대하여

$k\ (a,\ b) = (k\,a,\ k\,b), \qquad 2\ (1, 2) = (2\times 1,\ 2\times 2\ ) = (2, 4)$

(2) **덧셈**(sum, vector addition) : 두 벡터 (a, b), (c, d)에 대하여

$(a, b) + (c, d) = (a + c, b + d), \qquad (1, 2) + (3, 4) = (1 + 3, 2 + 4) = (4, 6)$

■ 벡터의 연산법칙

$\mathbb{R}^n$의 벡터 $\mathbf{x}$, $\mathbf{y}$, $\mathbf{z}$와 스칼라 h, k에 대하여 다음이 성립한다.

① $\mathbf{x} + \mathbf{y} = \mathbf{y} + \mathbf{x}$

② $(\mathbf{x} + \mathbf{y}) + \mathbf{z} = \mathbf{x} + (\mathbf{y} + \mathbf{z})$

③ $\mathbf{x} + \mathbf{0} = \mathbf{x} = \mathbf{0} + \mathbf{x}$ — $\mathbf{0}$(영벡터)는 성분이 모두 0인 벡터를 의미한다.

④ $\mathbf{x} + (-\mathbf{x}) = \mathbf{0} = (-\mathbf{x}) + \mathbf{x}$ — $-\mathbf{x}$($\mathbf{x}$의 음벡터)는 $-\mathbf{x} = (-1)\mathbf{x}$를 의미한다.

⑤ $k(\mathbf{x} + \mathbf{y}) = k\mathbf{x} + k\mathbf{y}$

⑥ $(h + k)\mathbf{x} = h\mathbf{x} + k\mathbf{x}$

⑦ $(hk)\mathbf{x} = h(k\mathbf{x})$

⑧ $1\mathbf{x} = \mathbf{x}$

예제 1 두 벡터 $\mathbf{v} = (1, 2, -4)$, $\mathbf{w} = (-1, 3, 1)$와 스칼라 $k = 3$에 대하여 $\mathbf{v} + \mathbf{w}$와 $k\mathbf{v}$를 계산하시오.

풀이. $\mathrm{v}+\mathrm{w}=(1,2,-4)+(-1,3,1)=(1-1,2+3,-4+1)=(0,5,-3)$

$$k\mathrm{v}=3(1,2,-4)=(3\times1,3\times2,3\times(-4))=(3,6,-12)$$

sage -------- http://matrix.skku.ac.kr/KOFAC/ --------

```
v = vector([1, 2, -4])  # 벡터 생성
w = vector([-1, 3, 1])
k = 3
print("v + w =", v + w)  # 벡터의 덧셈
print("k*v =", k*v)      # 벡터의 실수배
```

```
v + w = (0, 5, -3)
k*v = (3, 6, -12)
```

■

예제 2 벡터와 스칼라를 임의로 생성하여 벡터의 덧셈과 실수배를 확인하시오.

sage -------- http://matrix.skku.ac.kr/KOFAC/ --------

```
# -10부터 9까지의 정수를 성분으로 하는 7차원의 벡터를 임의로 생성
v = random_vector(ZZ, 7, x = -10, y = 10)
# -5부터 4까지의 정수를 성분으로 하는 7차원의 벡터를 임의로 생성
w = random_vector(ZZ, 7, x = -5, y = 5)
# -5부터 4까지 정수를 임의로 생성
k = ZZ.random_element(x = -5, y = 5)
print("v =", v)  # 벡터 v 출력
print("w =", w)  # 벡터 w 출력
print("k =", k)  # 스칼라 k 출력
print("v + w =", v + w)  # v + w
print("k*v =", k*v)
```

```
v = (-6, -2, -2, -8, 7, -7, 6)
w = (-3, 4, -4, -4, 0, -3, 3)
k = 4
```

v + w = (-9, 2, -6, -12, 7, -10, 9)

k*v = (-24, -8, -8, -32, 28, -28, 24) ■

2.3 행렬(Matrix)과 텐서(Tensor)

앞서 언급한 어떤 사람의 키, 몸무게, 연령, 성별에 대한 데이터를 하나로 모아 다음과 같이 직사각형 모양으로 배열할 수 있다. 이를 **행렬**(matrix)이라 한다. 즉 행렬은 벡터를 여러 개 쌓아서 만든 것으로 이해해도 된다. 이때 가로를 **행**(row), 세로를 **열**(column)이라 하고, 행의 개수가 m, 열의 개수가 n인 행렬을 **크기가** $m\times n$**인 행렬**이라고 한다. 따라서 **벡터는** $1\times n$ **행렬(행벡터) 또는** $n\times 1$ **행렬(열벡터)로 이해할 수 있다. 2.1절에 있는 데이터 표현을 행렬로 쓰면 다음과 같다.**

$$A=\begin{bmatrix} 160 & 80 & 19 & 1 \\ 170 & 70 & 27 & 2 \\ 180 & 56 & 30 & 1 \end{bmatrix}_{3\times 4}$$

또한 행렬은 디지털 이미지를 유용하게 나타낼 수 있다. 예를 들어, 디지털 이미지를 확대할 때 나타나는 작은 격자를 **픽셀**(pixel, 화소)이라 하는데, 각 픽셀에는 이미지의 밝은 정도를 나타내는 숫자가 들어 있다고 볼 수 있다. 그리고 흑백 이미지는 하나의 행렬로 나타낼 수 있고, 컬러 이미지는 빨강(Red), 녹색(Green), 파랑(Blue), 3개의 채널(channel)로 표현되어 행렬이 3차원으로 겹쳐진 큐브(cube) 형태의 모양을 갖는다. 이를 3-D **텐서**(tensor)라 한다.

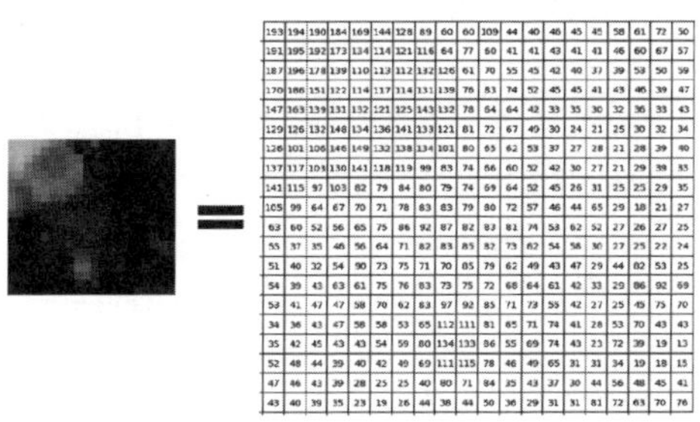

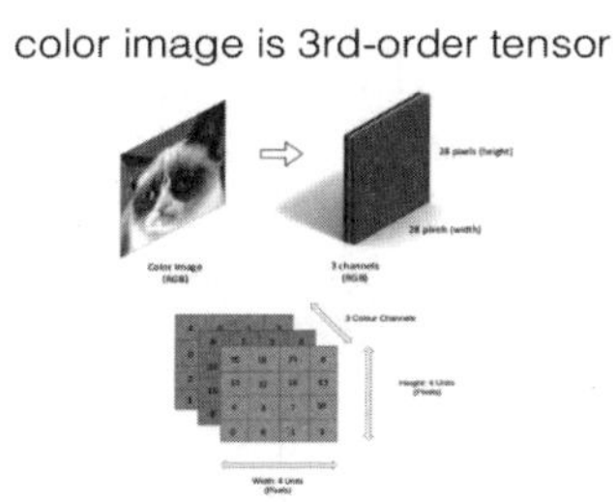

[흑백이미지] https://nrsyed.com/2018/02/17/kernels-in-image-processing/

[컬러이미지] https://lisaong.github.io/mldds-courseware/01_GettingStarted/numpy-tensor-slicing.slides.html

참고 최근의 인공지능 기계학습 시스템은 텐서를 기본 데이터 구조로 사용한다. 구글의 텐서플로우(TensorFlow) 이름도 여기서 따왔다. 그렇다면 **텐서**(Tensor)**란 무엇일까?**

텐서는 데이터를 한군데 모아 놓을 수 있는 저장소인 컨테이너(container)이다. 대부분 수치형 데이터를 다루므로 숫자를 위한 컨테이너이다. 1-D 텐서가 벡터이고, 2-D 텐서가 행렬이다. 즉, 행렬의 일반화된 모습을 텐서라고 생각할 수 있다.

2.4 행렬 연산

행렬에는 다음 세 가지 연산이 정의된다.

(1) **실수배**(scalar multiple)

$$k\begin{bmatrix} a & b \\ c & d \end{bmatrix}=\begin{bmatrix} k\times a & k\times b \\ k\times c & k\times d \end{bmatrix}, \qquad 2\begin{bmatrix} 1 & 2 \\ 3 & 4 \end{bmatrix}=\begin{bmatrix} 2 & 4 \\ 6 & 8 \end{bmatrix}$$

(2) **덧셈**(sum)

(단, 두 행렬의 크기가 같아야 한다.)

$$\begin{bmatrix} a & b \\ c & d \end{bmatrix}+\begin{bmatrix} e & f \\ g & h \end{bmatrix}=\begin{bmatrix} a+e & b+f \\ c+g & d+h \end{bmatrix}$$

예 $$\begin{bmatrix} 1 & 2 \\ 3 & 4 \end{bmatrix}+\begin{bmatrix} 5 & 6 \\ 7 & 8 \end{bmatrix}=\begin{bmatrix} 1+5 & 2+6 \\ 3+7 & 4+8 \end{bmatrix}=\begin{bmatrix} 6 & 8 \\ 10 & 12 \end{bmatrix}$$

(3) **곱셈**(product) **[King Sejong의 'ㄱ' 법칙]**

(단, 앞의 행렬의 열의 개수와 뒤의 행렬의 행의 개수가 같아야 한다.)

$$\begin{bmatrix} a & b & c \\ d & e & f \end{bmatrix}\begin{bmatrix} g & h \\ i & j \\ k & l \end{bmatrix}=\begin{bmatrix} a\times g+b\times i+c\times k & a\times h+b\times j+c\times l \\ d\times g+e\times i+f\times k & d\times h+e\times j+f\times l \end{bmatrix}$$

$2\times3 \qquad 3\times2 \qquad\qquad\qquad 2\times2$

예 $$\begin{bmatrix} 1 & 2 & 3 \\ 4 & 5 & 6 \end{bmatrix}\begin{bmatrix} 1 & 2 \\ 3 & 4 \\ 5 & 6 \end{bmatrix}=\begin{bmatrix} 1\times1+2\times3+3\times5 & 1\times2+2\times4+3\times6 \\ 4\times1+5\times3+6\times5 & 4\times2+5\times4+6\times6 \end{bmatrix}=\begin{bmatrix} 22 & 28 \\ 49 & 64 \end{bmatrix}$$

2.5 행렬의 연산법칙

행렬 A, B, C는 각 연산이 정의될 수 있는 적당한 크기의 행렬이고, a, b가 스칼라일 때, 다음이 성립한다.

① $A+B=B+A$ (덧셈의 교환법칙)

② $A+(B+C)=(A+B)+C$ (덧셈의 결합법칙)

③ $A(BC)=(AB)C$ (곱셈의 결합법칙)

④ $A(B+C)=AB+AC$ (분배법칙)

⑤ $(B+C)A=BA+CA$ (분배법칙)

⑥ $a(B+C)=aB+aC$

⑦ $(a+b)C=aC+bC$

⑧ $(ab)C=a(bC)$

⑨ $a(BC)=(aB)C=B(aC)$

⑩ $1A=A$

예제 3 다음 행렬에 대하여 $A+B$, AC, $2A$를 계산하시오.

$$A=\begin{bmatrix} 1 & 2 & -4 \\ -2 & 1 & 3 \end{bmatrix},\ B=\begin{bmatrix} 0 & 1 & 4 \\ -1 & 3 & 1 \end{bmatrix},\ C=\begin{bmatrix} 3 & -1 \\ 0 & 5 \\ 7 & 1 \end{bmatrix}$$

풀이. $A+B=\begin{bmatrix} 1 & 2 & -4 \\ -2 & 1 & 3 \end{bmatrix}+\begin{bmatrix} 0 & 1 & 4 \\ -1 & 3 & 1 \end{bmatrix}=\begin{bmatrix} 1 & 3 & 0 \\ -3 & 4 & 4 \end{bmatrix}$

$$2A=2\begin{bmatrix} 1 & 2 & -4 \\ -2 & 1 & 3 \end{bmatrix}=\begin{bmatrix} 2 & 4 & -8 \\ -4 & 2 & 6 \end{bmatrix}$$

$$AC=\begin{bmatrix} 1 & 2 & -4 \\ -2 & 1 & 3 \end{bmatrix}\begin{bmatrix} 3 & -1 \\ 0 & 5 \\ 7 & 1 \end{bmatrix}=\begin{bmatrix} -25 & 5 \\ 15 & 10 \end{bmatrix}$$

Sage -------- http://matrix.skku.ac.kr/KOFAC/ --------

```
A = matrix([[1, 2, -4], [-2, 1, 3]])
B = matrix([[0, 1, 4], [-1, 3, 1]])
C = matrix([[3, -1], [0, 5], [7, 1]])
```

```
print("A + B =")  # 행렬의 덧셈
print(A + B)
print()   # 한 줄 비움
print("2*A =")     # 행렬의 실수배
print(2*A)
print()   # 한 줄 비움
print("A*C =")     # 행렬의 곱
print(A*C)
```

```
A + B = [ 1  3  0]
        [-3  4  4]

2*A =   [ 2  4 -8]
        [-4  2  6]

A*C =   [-25   5]
        [ 15  10]
```
■

예제 4 행렬과 스칼라를 임의로 생성하여 행렬의 덧셈과 실수배, 곱셈을 확인하시오.

sage -------- http://matrix.skku.ac.kr/KOFAC/ --------

```
# -10부터 9까지의 정수를 성분으로 하는 4x5 행렬 A를 임의로 생성
A = random_matrix(ZZ, 4, 5, x = -10, y = 10)
# -5부터 4까지의 정수를 성분으로 하는 4x5 행렬 B를 임의로 생성
B = random_matrix(ZZ, 4, 5, x = -5, y = 5)
# -5부터 4까지의 정수를 성분으로 하는 5x3 행렬 C를 임의로 생성
C = random_matrix(ZZ, 5, 3, x = -5, y = 5)
# -5부터 4까지 정수 k를 임의로 생성
k = ZZ.random_element(x = -5, y = 5)
print("A =")  # 행렬 A 출력
print(A)
```

```
print()  # 한 줄 비움
print("B =")  # 행렬 B 출력
print(B)
print()   # 한 줄 비움
print("C =")  # 행렬 C 출력
print(C)
print()   # 한 줄 비움
print("k =", k)  # 스칼라 k 출력
print()   # 한 줄 비움
print("A + B =")  # 행렬의 덧셈
print(A + B)
print()   # 한 줄 비움
print("k*A =")     # 행렬의 실수배
print(k*A)
print()   # 한 줄 비움
print("A*C =")    # 행렬의 곱셈 A*C
print(A*C)
```

```
A = [ 4 -5  3 -7  0]
     [-8  5  1 -9 -3]
     [-1 -5  6  1  6]
     [ 8 -3  1 -3  2]

B = [ 0  2 -2 -3 -2]
   [-5 -3  0 -4  1]
   [-1  4 -2 -4 -2]
   [-1  1  4  4  3]

C = [ 4 -2  0]
   [ 4  3 -2]
   [ 2 -1  4]
   [-1  0  3]
```

```
    [-2 -2  1]

k = -1

A + B = [  4  -3   1 -10  -2]
        [-13   2   1 -13  -2]
        [ -2  -1   4  -3   4]
        [  7  -2   5   1   5]

k*A = [-4  5 -3  7  0]
      [ 8 -5 -1  9  3]
      [ 1  5 -6 -1 -6]
      [-8  3 -1  3 -2]

A*C = [  9 -26   1]
      [  5  36 -36]
      [-25 -31  43]
      [ 21 -30   3]
```
■

◪ 열린 문제 5 위에서 배운 벡터와 행렬에 대한 연산을 다른 교재의 행렬에 적용하는 행렬연산을 시행해 보시오. [http://matrix.skku.ac.kr/KOFAC/에서 실습]

예제 5 수면시간, 운동시간, 칼로리 섭취량이 체중과 혈압에 미치는 영향을 표현하는 행렬을 아래와 같이 정의할 수 있다.

(이때, 벡터는 $1\times n$ 행렬(행벡터) 또는 $n\times 1$ 행렬(열벡터)로 이해할 수 있다.)

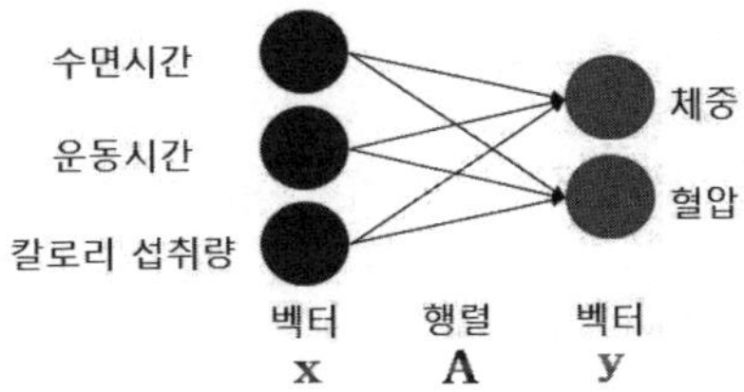

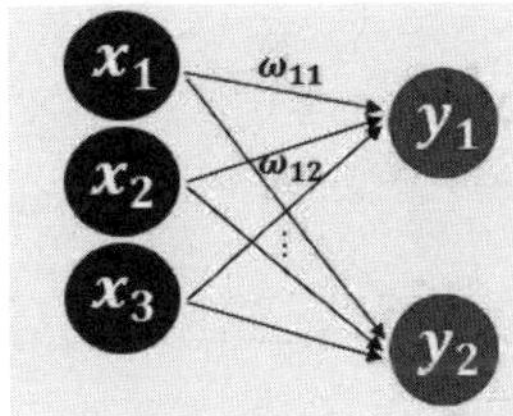

$$\begin{bmatrix} x_1 & x_2 & x_3 \end{bmatrix} \begin{bmatrix} w_{11} & w_{12} \\ w_{21} & w_{22} \\ w_{31} & w_{32} \end{bmatrix} = \begin{bmatrix} y_1 & y_2 \end{bmatrix}$$

우리 반 홍길동의 하루 평균 수면시간과 운동시간 그리고 칼로리 섭취량에 따라 체중과 혈압이 변하는 상황을 조사하여 만든 초기 행렬 A를 아래와 같이 구하였다.

$$A = \begin{bmatrix} -0.31 & -0.42 \\ -0.62 & -0.81 \\ 0.05 & 0.08 \end{bmatrix}$$

만일 홍길동이 요즘 하루 평균 **수면시간 8 시간, 운동시간 1 시간, 칼로리 섭취량 1500 kcal**을 유지해 왔다면, **주어진 행렬 A를 이용해 계산한 예측값이 체중 71.9 kg, 혈압은 115.83 mmHg**(토르, Torr: 수은기둥 1mm의 압력)임을 확인할 수 있다.

-------- http://matrix.skku.ac.kr/KOFAC/ --------

```
x = vector([8, 1, 1500])
A = matrix([[-0.31, -0.42], [-0.62, -0.81], [0.05, 0.08]])
y = x*A
print("[체중, 혈압]")
print(y)
```

```
[체중, 혈압]
(71.9000000000000, 115.830000000000)
```
■

[인공지능, 수학으로 타파] 행렬로 딥러닝 따라하기

http://www.polymath.co.kr/contents/view/18142

참고 만일 실제 측정한 값이 **체중 72 kg, 혈압 116 mmHg**인데, 예측값과 실제 측정값 사이에 차이가 나는 이유가 데이터가 모자라서 행렬 A가 부정확한 것이 이유였다면, 이번에 측정한 데이터를 활용하여, 예측값이 측정한 값과 같아지도록 행렬 A의 성분들을 약간씩 조정하여 $\mathbf{y}=\mathbf{x}B$가 되는 수정된 행렬 B를 찾을 수 있다. 이것이 **딥러닝 오차역전파법의 아이디어**이다.

(4) 전치행렬(transpose matrix) : 행렬 A의 행과 열을 바꾸어 얻어진 행렬을 A^T로 나타낸다. A가 2×3 행렬이면 A^T는 3×2의 행렬이 된다.

$$\begin{bmatrix} a & b & c \\ d & e & f \end{bmatrix}^T = \begin{bmatrix} a & d \\ b & e \\ c & f \end{bmatrix} \qquad \begin{bmatrix} g & h \\ i & j \end{bmatrix}^T = \begin{bmatrix} g & i \\ h & j \end{bmatrix} \qquad \begin{bmatrix} k & l & m \end{bmatrix}^T = \begin{bmatrix} k \\ l \\ m \end{bmatrix}$$

2×3 3×2 2×2 2×2 1×3 3×1

두 행렬 A, B 와 임의의 스칼라 k에 대하여 전치행렬은 다음 식을 만족한다.

① $(A^T)^T = A$

② $(A+B)^T = A^T + B^T$

③ $(AB)^T = B^T A^T$ http://matrix.skku.ac.kr/sglee/linear/ocu/img/pf1-3-4.gif

④ $(kA)^T = kA^T$

예제 6 다음 행렬들의 전치행렬을 각각 구하시오.

$$A = \begin{bmatrix} 1 & -2 & 3 \\ 4 & 5 & 0 \end{bmatrix}, \quad B = \begin{bmatrix} 1 & 2 & -4 \\ 3 & -1 & 2 \\ 0 & 5 & 3 \end{bmatrix}$$

풀이. $A^T = \begin{bmatrix} 1 & 4 \\ -2 & 5 \\ 3 & 0 \end{bmatrix}, \quad B^T = \begin{bmatrix} 1 & 3 & 0 \\ 2 & -1 & 5 \\ -4 & 2 & 3 \end{bmatrix}$

sage -------- http://matrix.skku.ac.kr/KOFAC/ --------

```
A = matrix([[1, -2, 3], [4, 5, 0]])
B = matrix([[1, 2, -4], [3, -1, 2], [0, 5, 3]])
print("A^T =")
```

```
print(A.transpose())    # 행렬의 전치행렬 A.transpose() 구하기
print()
print("B^T =")
print(B.transpose())
```

```
A^T =
[ 1  4]
[-2  5]
[ 3  0]

B^T =
[ 1  3  0]
[ 2 -1  5]
[-4  2  3]
```
■

(5) **대각선 행렬**(diagonal matrix) : 주대각선성분 이외의 모든 성분이 0인 정사각행렬. 주대각선성분이 $a_{11},\ a_{22},\ \ldots,\ a_{nn}$인 대각선행렬 $\mathrm{diag}(a_{11},\ a_{22},\ \ldots,\ a_{nn})$은 다음과 같이 쓴다.

$$\mathrm{diag}(a_{11},\ a_{22},\ \cdots,\ a_{nn}) = \begin{bmatrix} a_{11} & & & \\ & a_{22} & & \\ & & \ddots & \\ & & & a_{nn} \end{bmatrix}_{n \times n}$$

(6) **단위행렬**(identity matrix) : 주대각선성분이 모두 1인 대각선 행렬 I_n

$$I_n = \begin{bmatrix} 1 & & & \\ & 1 & & \\ & & \ddots & \\ & & & 1 \end{bmatrix}_{n \times n}$$

단위행렬에 대하여 다음이 성립한다. 즉 행렬의 곱셈에 대한 항등원 역할을 한다.

$m \times n$ 행렬 A에 대하여 $I_m A = A = A I_n$

(7) **삼각행렬** : 하삼각행렬(lower triangular matrix)은 주대각선 위의 모든 성분이 0인 정사각행렬을 말하고, 상삼각행렬(upper triangular matrix)은 주대각선 아래의 모든 성분이 0인 정사각행렬을 말한다.

일반적인 4×4 삼각행렬은 다음과 같은 형태이다.

$$\begin{bmatrix} a_{11} & a_{12} & a_{13} & a_{14} \\ 0 & a_{22} & a_{23} & a_{24} \\ 0 & 0 & a_{33} & a_{34} \\ 0 & 0 & 0 & a_{44} \end{bmatrix}$$: 상삼각행렬

$$\begin{bmatrix} a_{11} & 0 & 0 & 0 \\ a_{21} & a_{22} & 0 & 0 \\ a_{31} & a_{32} & a_{33} & 0 \\ a_{41} & a_{42} & a_{43} & a_{44} \end{bmatrix}$$: 하삼각행렬

(8) **대칭행렬**(symmetric matrix) : $A^T = A$를 만족하는 정사각행렬을 대칭행렬(symmetric matrix)이라고 한다.

$$\begin{bmatrix} 1 & -2 \\ -2 & 3 \end{bmatrix}, \quad \begin{bmatrix} 0 & 4 & -1 \\ 4 & 2 & 1 \\ -1 & 1 & -3 \end{bmatrix}$$

(9) **역행렬**(inverse matrix) : $n \times n$ 정사각행렬 A에 대하여 다음을 만족하는 행렬 B가 존재하면 A는 가역(invertible, nonsingular)이라고 한다.

$$AB = I_n = BA$$

이때 B를 A의 역행렬(inverse matrix)이라 하며, A^{-1}로 나타낸다. 이러한 B가 존재하지 않으면 A는 비가역(noninvertible) 또는 특이행렬(singular matrix)이라고 한다.

◆ n차의 정사각행렬 A, B가 가역이고 k가 0이 아닌 스칼라일 때, 다음이 성립한다.

① A^{-1}은 가역이고, $(A^{-1})^{-1} = A$ 이다.

② AB는 가역이고, $(AB)^{-1} = B^{-1}A^{-1}$ 이다.

http://matrix.skku.ac.kr/sglee/linear/ocu/img/pf1-5-2.gif

③ kA는 가역이고, $(kA)^{-1} = \frac{1}{k}A^{-1}$ 이다.

④ $(A^T)^{-1} = (A^{-1})^T$ [증명: $A^T(A^{-1})^T = (A^{-1}A)^T = I^T = I_n$]

예제 7 행렬 $A=\begin{bmatrix}3&5\\1&2\end{bmatrix}$의 역행렬을 구하시오.

풀이. $A=\begin{bmatrix}a&b\\c&d\end{bmatrix}$의 역행렬은 $ad-bc\neq 0$일 때 다음과 같이 구한다.

$$A^{-1}=\frac{1}{ad-bc}\begin{bmatrix}d&-b\\-c&a\end{bmatrix}=\begin{bmatrix}\frac{d}{ad-bc}&\frac{-b}{ad-bc}\\\frac{-c}{ad-bc}&\frac{a}{ad-bc}\end{bmatrix}$$

따라서 $A=\begin{bmatrix}3&5\\1&2\end{bmatrix}$의 역행렬은 $A^{-1}=\begin{bmatrix}2&-5\\-1&3\end{bmatrix}$이다.

Sage -------- http://matrix.skku.ac.kr/KOFAC/ --------

```
A = matrix(2, 2, [3, 5, 1, 2])
print("A =")
print(A)
print()
print("inverse of A =")
print(A.inverse())    # A의 역행렬 구하기, 형식은 A.inverse()
```

```
A =
[3 5]
[1 2]

inverse of A =
[ 2 -5]
[-1  3]
```

■

예제 8 행렬 $A=\begin{bmatrix}1&4&3\\2&5&6\\0&0&0\end{bmatrix}$는 가역인지 또는 비가역인지를 판단하시오.

sage -------- http://matrix.skku.ac.kr/KOFAC/ --------

```
A = matrix([[1, 4, 3], [2, 5, 6], [0, 0, 0]])
A.is_invertible()    # 행렬이 가역인지 확인 A.is_invertible()
------------------------------------------------------------------------
False       # 행렬이 가역이 아니다
```

따라서 행렬 $A = \begin{bmatrix} 1 & 4 & 3 \\ 2 & 5 & 6 \\ 0 & 0 & 0 \end{bmatrix}$는 비가역행렬이다. ■

열린 문제 6 인터넷이나 다른 교재에서 5차 (이상) 행렬을 찾아서, 전치행렬과 역행렬이 존재하는지를 확인하고, 존재하면 찾아보시오.

과제 이번 주에 본인이 요약/실습/질문/답변한 내용에 깨우친 점을 코멘트로 달아보시오.

http://matrix.skku.ac.kr/math4ai/PBL-Record/

http://matrix.skku.ac.kr/2020-Math4AI-PBL/

[참고자료] 역행렬 http://matrix.skku.ac.kr/K-MOOC-LA/cla-week-3.html

③ 데이터의 분류 http://matrix.skku.ac.kr/math4ai-intro/W3/

○ (거리를 활용한) 데이터의 유사도

○ (사잇각을 활용한) 데이터의 유사도

3.1 데이터의 유사도

인공지능이 데이터를 바탕으로 수행하는 주요 업무는 크게 **판단**(decision)과 **예측**(prediction)으로 나눌 수 있다.

- 이미지인식으로 읽은 사진으로부터 사진 속의 사람이 누구인지 판단
- 음성인식으로 저장된 음성신호로부터 말하는 내용을 판단
- 의료영상을 인식한 후 스스로 비교 분석하여 질병의 원인과 성질을 판단
- 전자상거래의 인터넷 기록을 활용한 사용자의 과거 구매 이력으로부터 그 사용자가 어떤 상품에 관심이 있는지 예측하여 다음 구매할 상품을 추천
- 금융에서 주식의 과거의 가격과 거래 정보로부터 미래 가격의 흐름을 예측
- 바둑 대국의 현재 상황에서 어떤 위치에 다음 바둑돌을 놓을 때의 승률을 예측

그리고 주어진 데이터의 특징에 따라 데이터가 어느 범주(class 또는 category)에 속하는지 판단하는 것을 **분류**(classification)라고 한다. 주어진 데이터를 분류하기 위해서는 각 데이터마다 우리가 다룰 수 있는 (계산할 수 있는) 형태로 표현할 수 있고, 각 범주와 얼마나 가까운지 (혹은 유사한지) 계산하여 최종 판단해야 한다. 이러한 **척도**(scale, 측정의 단위)를 데이터의 **유사도**(similarity)라고 한다.

3.2 거리

그렇다면 서로 다른 두 데이터가 얼마나 유사한지 어떻게 평가할 수 있을까? 물론 데이터의 종류와 분석가의 관심사에 따라 유사도를 재는 척도는 다양하다. 가장 쉽게 생각

해볼 수 있는 것은 두 데이터 사이의 거리를 계산하는 것이다. 데이터는 순서쌍(pair), 순서조(n-tuple) 또는 벡터(vector)로 표현할 수 있다. 예를 들어, 두 점 $A(a_1,\ a_2)$, $B(b_1,\ b_2)$ 사이의 거리는 다음과 같이 계산한다.

$$\mathrm{dist}(A, B) = \sqrt{(a_1 - b_1)^2 + (a_2 - b_2)^2}$$

거리가 가까우면 두 데이터는 유사하다고 볼 수 있고, 거리가 멀면 두 데이터는 관계없다고 판단할 수 있다. 그리고 어떤 데이터와 어떤 범주와의 거리가 가까우면, 이 데이터는 이 범주에 속해있다고 볼 수 있다. 예를 들어, 아래 그림에서는 $\mathrm{dist}(A, B) < \mathrm{dist}(A, C)$임을 쉽게 알 수 있으므로, "$A$와 B는 가깝고, A와 C는 멀다", "A는 C보다 B에 더 가깝다"는 의미이다.

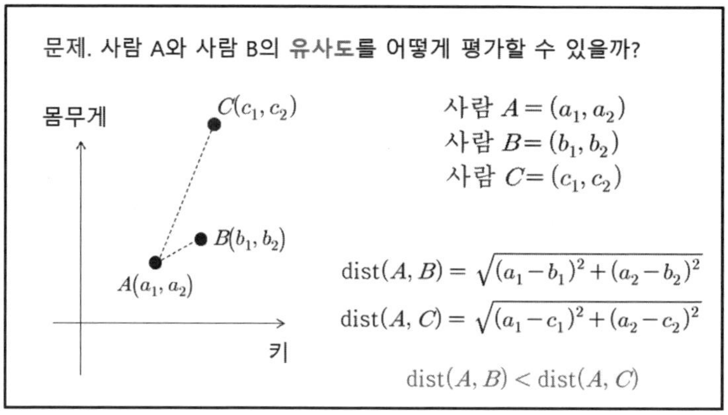

3.3 노름(norm, 크기)

벡터 a $= (a_1,\ a_2)$에 대하여 a의 크기를 다음과 같이 나타내고, a의 **노름**(norm)이라 한다.

$$\| \mathrm{a} \| = \sqrt{a_1^2 + a_2^2} \qquad \text{(벡터의 크기 계산: 노름, 2-norm)}$$

즉 $\| \mathrm{a} \|$는 원점에서 점 $A(a_1,\ a_2)$에 이르는 **거리**와 같다. 따라서 두 벡터 a$= (a_1,\ a_2)$, b$= (b_1,\ b_2)$에 대하여 $\| \mathrm{a} - \mathrm{b} \|$는 두 점 $A(a_1,\ a_2)$와 $B(b_1,\ b_2)$ 사이의 **거리**(distance)가 되며, 다음이 성립한다.

$$\text{dist}(A, B) = \| \mathbf{a} - \mathbf{b} \| = \sqrt{(a_1 - b_1)^2 + (a_2 - b_2)^2}$$

위 정의는 3차원은 물론 고차원 데이터에 대해서도 동일한 형태로 확장된다. 예를 들어, 3차원 데이터 $\mathbf{a} = (a_1, a_2, a_3)$, $\mathbf{b} = (b_1, b_2, b_3)$에 대하여, $A(a_1, a_2, a_3)$, $B(b_1, b_2, b_3)$라 할 때, 다음이 성립한다.

$$\| \mathbf{a} \| = \sqrt{a_1^2 + a_2^2 + a_3^2} \qquad \text{(원점에서 점 } A(a_1, a_2, a_3) \text{ 에 이르는 거리)}$$

$$\text{dist}(A, B) = \| \mathbf{a} - \mathbf{b} \| = \sqrt{(a_1 - b_1)^2 + (a_2 - b_2)^2 + (a_3 - b_3)^2}$$

*** 노름**(norm, 크기)

참고 http://matrix.skku.ac.kr/K-MOOC-LA/cla-week-1.html

$\mathbb{R}^n$의 벡터 $\mathbf{a}$, $\mathbf{b}$와 스칼라 k에 대하여 다음이 성립한다.

(1) $\| \mathbf{a} \| \geq 0$, $\| \mathbf{a} \| = 0 \iff \mathbf{a} = \mathbf{0}$

(2) $\| k\mathbf{a} \| = |k| \, \| \mathbf{a} \|$

(3) $\| \mathbf{a} + \mathbf{b} \| \leq \| \mathbf{a} \| + \| \mathbf{b} \|$

예제 1 두 벡터 $\mathbf{v} = (1, 2, -4)$, $\mathbf{w} = (-1, 3, 1)$에 대하여 $\| \mathbf{v} \|$, $\| 2\mathbf{w} \|$, $\| \mathbf{v} - \mathbf{w} \|$를 계산하시오.

Sage -------- http://matrix.skku.ac.kr/KOFAC/ --------

```
v = vector([1, 2, -4])  # 벡터 생성
w = vector([-1, 3, 1])
print("||v|| =", v.norm())  # 벡터의 크기. 형식은 v.norm()
print("||2*w|| =", (2*w).norm())
print("||v - w|| =", (v - w).norm())  # 거리 구하기
-----------------------------------------------------------------
||v|| = sqrt(21)
||2*w|| = 2*sqrt(11)
||v - w|| = sqrt(30)
```

■

3.4 노름(크기, 거리)을 활용한 데이터의 유사도 비교

예제 2 세 개의 데이터 $A(0,1,-7,1)$, $B(5,2,-1,3)$, $C(-2,0,-4,6)$에 대하여 B는 A와 C 중 어느 데이터에 더 가까운지 판단하시오.

Sage -------- http://matrix.skku.ac.kr/KOFAC/ --------

```
a = vector([0, 1, -7, 1])  # 벡터 생성
b = vector([5, 2, -1, 3])
c = vector([-2, 0, -4, 6])
distAB = (a - b).norm()  # dist(A, B)
distBC = (b - c).norm()  # dist(B, C)
print("dist(A, B) =", distAB)
print("dist(B, C) =", distBC)
bool(distAB < distBC)  # True 이면 dist(A, B) < dist(B, C) 성립
------------------------------------------------------------------
dist(A, B) = sqrt(66)
dist(B, C) = sqrt(71)
True
```

■

열린 문제 7 거리 척도를 사용하여 유사도를 계산할 수 있는 데이터의 종류에는 어떤 것이 있는지 생각해보시오.

열린 문제 8 위의 거리 척도로 유사도를 판단하기가 용이하지 않은 데이터의 경우에 유사도를 판단하는 데 사용이 가능한 다른 척도는 무엇이 있을지 생각해보시오. (Hint: 방향이 같은 데이터/벡터들의 경우)

열린 문제 9 두 개의 7차원 벡터(데이터) 사이의 거리$_{\text{(distance)}}$를 직접 구하시오. (Hint: (거리를 활용한) 데이터의 유사도 **<실습실>** 활용)

http://matrix.skku.ac.kr/math4AI-tools/distance_similarity/

3.5 사잇각을 활용한 데이터의 비교

데이터의 유형과 분석가의 관심사에 따라 데이터 사이의 유사도를 재는 척도는 다양할 수 있다. **앞에서는 두 데이터 사이의 거리를 계산하여 유사도를 측정하는 척도에 대하여 설명하였다.**

그러나 데이터 분석가가 단지 데이터의 **패턴(방향)**에만 관심이 있는 경우, (거리)척도는 적합하지 않다. 예를 들어, 아래와 같이 좌표평면 상에 벡터로 표현된 두 데이터 $\mathrm{a}=(a_1, a_2)$와 $\mathrm{b}=(b_1, b_2)$는 패턴(방향)은 유사하지만 거리는 매우 큰 값을 갖게 되어, (거리)척도로는 "두 데이터가 관계가 없다"고 판단하게 되기 때문이다.

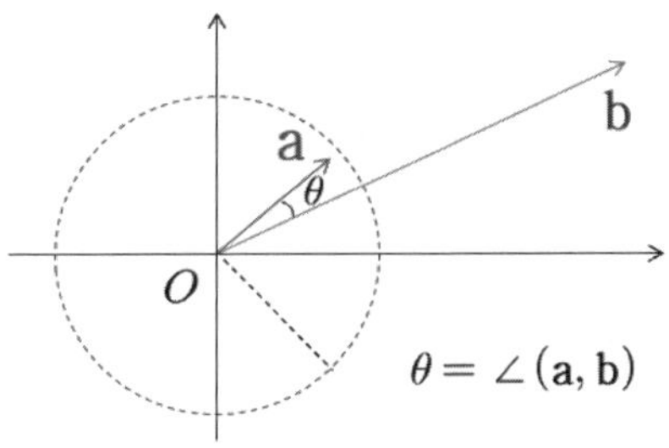

3.6 코사인 유사도의 개념

단지 데이터의 패턴(방향)에만 관심이 있는 경우에는 유사도를 어떻게 측정해야 할까? 이번에 우리는 데이터의 패턴(방향)에만 관심이 있으므로, 두 데이터(벡터)가 이루는 **사잇각 θ로 유사도를 측정할 수 있을 것**이다. 예를 들어, θ가 작으면 데이터의 유사도가 높고, θ가 크면 데이터의 유사도가 낮다고 판단할 수 있다. 그러나 사잇각은 **벡터의 내적**(inner product)으로부터 정의되므로, θ를 직접 계산하기보다는 벡터의 내적을 이용하여 θ의 코사인 값으로 유사도를 측정한다. 이를 **코사인 유사도**(cosine similarity)라고 한다.

3.7 내적

먼저 두 벡터 $\mathrm{a}=(a_1, a_2)$와 $\mathrm{b}=(b_1, b_2)$의 **내적**(inner product)은 다음과 같이 정의된다.

$$\mathrm{a} \cdot \mathrm{b} = a_1 b_1 + a_2 b_2$$

그리고 내적은 다음의 성질을 만족하는데, 대부분은 실수의 곱셈이 만족하는 성질과 유사하다.

① $\mathrm{a} \cdot \mathrm{a} = \| \mathrm{a} \|^2 \geq 0$, $\mathrm{a} \cdot \mathrm{a} = 0 \;\Leftrightarrow\; \mathrm{a} = \mathbf{0}$

② $\mathrm{a} \cdot \mathrm{b} = \mathrm{b} \cdot \mathrm{a}$ (교환법칙)

③ $(\mathrm{a}+\mathrm{b}) \cdot \mathrm{c} = \mathrm{a} \cdot \mathrm{c} + \mathrm{b} \cdot \mathrm{c}$ (분배법칙)

④ $(k\mathrm{a}) \cdot \mathrm{b} = \mathrm{a} \cdot (k\mathrm{b}) = k(\mathrm{a} \cdot \mathrm{b})$

* 자세한 내용은 **"K-MOOC 선형대수학 1.2절, 내적과 직교"**를 참고할 수 있다.

http://matrix.skku.ac.kr/K-MOOC-LA/cla-week-1.html

3.8 사잇각

벡터의 내적은 두 벡터가 이루는 사잇각과 관련이 있는데, 먼저 아래 그림에서 피타고라스 정리를 적용하면 다음을 쉽게 알 수 있다.

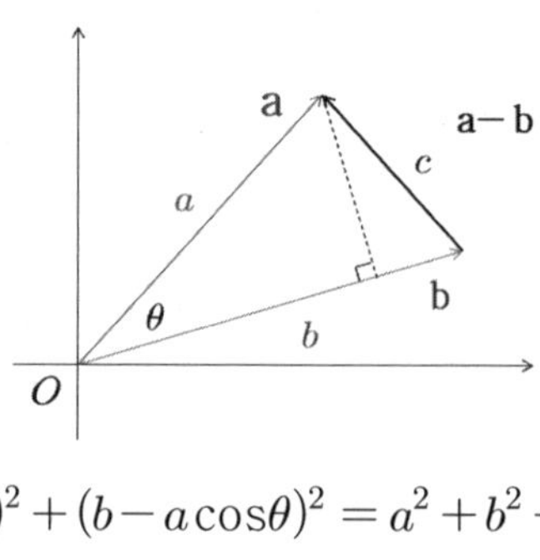

$$c^2 = (a\sin\theta)^2 + (b - a\cos\theta)^2 = a^2 + b^2 - 2ab\cos\theta$$

이 식을 벡터를 이용하여 다시 표현하면 다음과 같다.

$$\|\mathbf{a}-\mathbf{b}\|^2 = \|\mathbf{a}\|^2 + \|\mathbf{b}\|^2 - 2\|\mathbf{a}\|\|\mathbf{b}\|\cos\theta$$

또한 내적의 정의와 성질에 의해

$$\|\mathbf{a}-\mathbf{b}\|^2 = (\mathbf{a}-\mathbf{b})\cdot(\mathbf{a}-\mathbf{b}) = \mathbf{a}\cdot\mathbf{a}-\mathbf{a}\cdot\mathbf{b}-\mathbf{b}\cdot\mathbf{a}+\mathbf{b}\cdot\mathbf{b}$$

$$= \|\mathbf{a}\|^2 + \|\mathbf{b}\|^2 - 2(\mathbf{a}\cdot\mathbf{b})$$

이므로, 위의 두 식을 비교하면 다음을 얻는다.

$$\mathbf{a}\cdot\mathbf{b} = \|\mathbf{a}\|\|\mathbf{b}\|\cos\theta\ ,\quad \text{즉 } \cos\theta = \frac{\mathbf{a}\cdot\mathbf{b}}{\|\mathbf{a}\|\|\mathbf{b}\|}\quad (0 \le \theta \le \pi)$$

3.9 코사인 유사도의 계산

두 데이터 $\mathbf{a} = (a_1,\ a_2)$와 $\mathbf{b} = (b_1,\ b_2)$의 **코사인 유사도**는 다음과 같이 계산할 수 있다. n차원 공간 $\mathbb{R}^n$의 두 벡터 $\mathbf{a} = (a_1, a_2, \ldots, a_n)$와 $\mathbf{b} = (b_1, b_2, \ldots, b_n)$에 대해서도 동일한 공식이 성립한다.

$$\cos\theta = \frac{\mathbf{a}\cdot\mathbf{b}}{\|\mathbf{a}\|\|\mathbf{b}\|} = \left(\frac{\mathbf{a}}{\|\mathbf{a}\|}\right)\cdot\left(\frac{\mathbf{b}}{\|\mathbf{b}\|}\right)$$

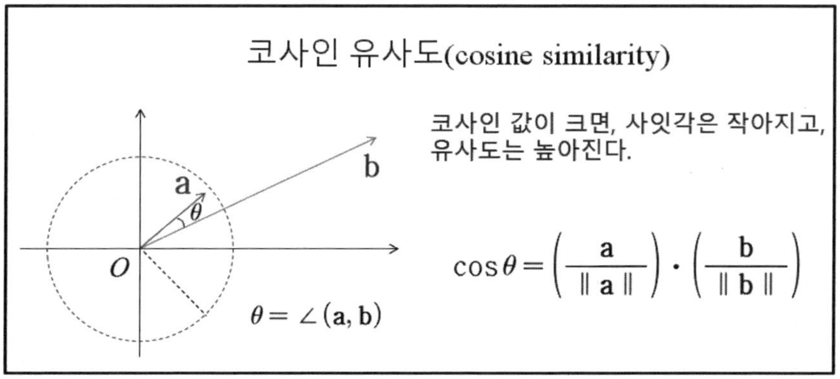

여기서 $\frac{\mathbf{a}}{\|\mathbf{a}\|}$와 $\frac{\mathbf{b}}{\|\mathbf{b}\|}$는 원 데이터 a, b의 크기에 관계없이, 크기가 항상 1인 **단위벡터**(unit vector)이므로, 코사인 유사도는 데이터의 크기와 데이터 사이의 거리는 무시하고 단지 데이터의 패턴(방향)만 고려하게 된다.

이렇게 두 데이터의 코사인 유사도를 계산하여, 만일 코사인 값이 크면, 코사인 함수의 성질에 의해 사잇각은 작아지게 되고, 그에 따라 유사도는 높아지게 된다. 이런 방식으로 데이터 사이의 패턴을 분석할 수 있다.

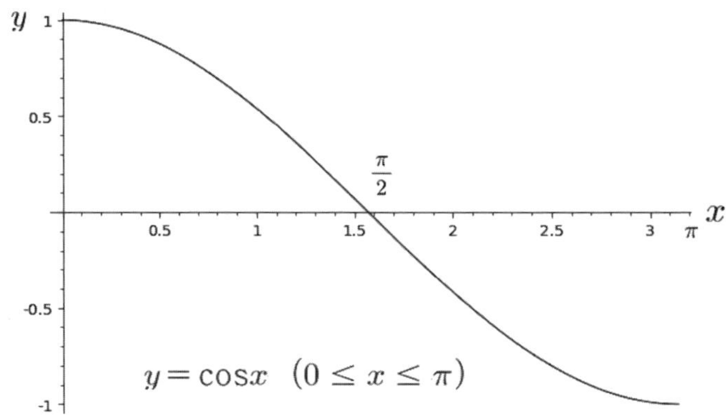

예제 1 두 벡터 $\mathbf{v}=(1,2,-4)$, $\mathbf{w}=(-1,3,1)$에 대하여 내적 $\mathbf{v}\cdot\mathbf{w}$과 코사인 유사도, 사잇각 θ $(0\leq\theta\leq\pi)$를 계산하시오.

sage -------- http://matrix.skku.ac.kr/KOFAC/ --------

```
v = vector([1, 2, -4])  # 벡터 생성
w = vector([-1, 3, 1])
vw = v.inner_product(w)  # 두 벡터의 내적. 형식은 a.inner_product(b)
vn = v.norm()
wn = w.norm()
cos_sim = vw/(vn*wn)  # 코사인 유사도
ang = arccos(cos_sim)  # 사잇각(라디안)
print("v.w =", vw)
print("||v|| =", vn)
```

```
print("||w|| =", wn)
print("cos_similarity =", cos_sim.n(digits = 3))
print("angle(rad) =", ang.n(digits = 3)) # .n(digits = d)는 유효숫자 d자리의 근삿값
--------------------------------------------------------------------
v.w = 1
||v|| = sqrt(21)
||w|| = sqrt(11)
cos_similarity = 0.0658
angle(rad) = 1.51
```
■

예제 2 코사인 유사도를 활용하여 세 개의 데이터 $A(0, 1, -7, 1)$, $B(5, 2, 1, 3)$, $C(-2, 0, -4, 6)$에 대하여 B는 A와 C 중 어느 데이터에 더 가까운지 판단하시오.

sage -------- http://matrix.skku.ac.kr/KOFAC/ --------

```
a = vector([0, 1, -7, 1]) # 벡터 생성
b = vector([5, 2, 1, 3])
c = vector([-2, 0, -4, 6])
cos_simAB = a.inner_product(b)/(a.norm()*b.norm()) # 코사인 유사도
cos_simBC = b.inner_product(c)/(b.norm()*c.norm())
print("cos_sim(A, B) =", cos_simAB.n(digits = 3))
print("cos_sim(B, C) =", cos_simBC.n(digits = 3))
bool(cos_simAB < cos_simBC)
--------------------------------------------------------------------
cos_sim(A, B) = -0.0448
cos_sim(B, C) = 0.0856
True
```
■

◩ 열린 문제 10 어떤 데이터들이 코사인 유사도를 사용하여 분석 가능할지 생각해보시오.

◪ 열린 문제 11 두 개의 5차원 데이터(벡터) 사이의 내적과 사잇각 θ $(0 \le \theta \le \pi)$를 구하시오. (Hint: (사잇각을 활용한) 데이터의 유사도 **〈실습실〉** 활용)

http://matrix.skku.ac.kr/math4AI-tools/cosine_similarity

[참고] 국가에서 보유하고 있는 다양한 **공공데이터포털** https://www.data.go.kr/

[참고] **공공데이터를 활용한 예** https://www.data.go.kr/tcs/puc/selectPublicUseCaseListView.do

[참고] **국가 중점데이터** https://www.data.go.kr/tcs/eds/selectCoreDataListView.do ■

[참고자료] 고등학교 인공지능 수학 http://matrix.skku.ac.kr/KOFAC/book/

스트롱 코리아 포럼 2020(2020. 5. 27.) 토론

http://www.strongkorea.or.kr/kor/

4 선형연립방정식의 해집합 http://matrix.skku.ac.kr/math4ai-intro/W4/

선형대수학은 모든 문제를 풀이할 수 있는 수학의 몇 안 되는 분야 중 하나이다. Alan Tucker는 "선형대수학이야말로 수학적 이론이 추구하는 모델이다."라고 했다. 이 절에서는 선형대수학에서 가장 중요한 선형연립방정식의 해집합을 구하는 방법을 학습한다.

4.1 선형연립방정식

다음과 같이 미지수 x와 y에 관하여 일차식으로 표현되는 방정식을 **미지수 x, y에 관한 일차방정식**(一次方程式, linear equation) 또는 **선형방정식**(線型方程式)이라고 한다.

$$2x-3y=1$$

이 식을 만족하는 순서쌍 (x, y)를 좌표로 하는 모든 점을 좌표평면 위에 나타내면 그래프는 직선(line)이 된다. 위 방정식을 Sage 코드를 이용하여 직접 그릴 수 있다.

Sage -------- http://matrix.skku.ac.kr/KOFAC/ --------

```
var('x, y')  # 변수 선언
implicit_plot(2*x - 3*y == 1, (x, -2, 2), (y, -2, 2))
```

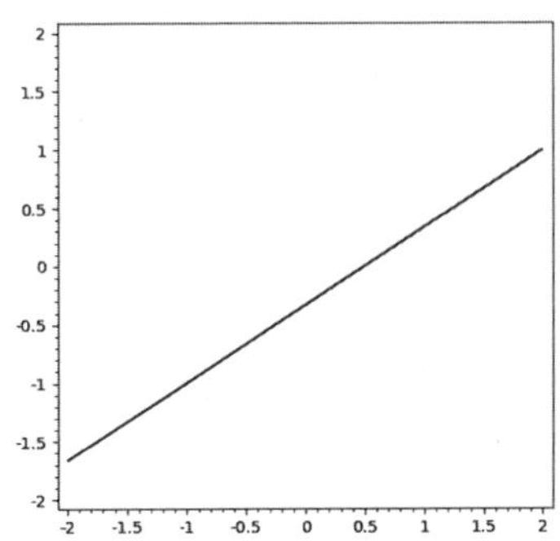

다음과 같이 미지수 x, y에 관한 유한개의 선형방정식의 모임을 **선형연립방정식**

(System of Linear Equations)이라고 한다.

$$\begin{cases} 2x+3y=1 \\ \ \ x-2y=4 \end{cases}$$

그리고 선형연립방정식의 해는 모든 선형방정식을 동시에 만족하는 x의 값과 y의 값(또는 순서쌍 (x, y))을 말한다. 한 개의 선형방정식은 좌표평면에서 하나의 직선을 나타내므로, 위의 선형연립방정식의 경우, 두 직선의 교점을 나타내는 순서쌍 (x, y)이 바로 해가 된다.

아래 그림에서 알 수 있듯이, 일반적으로 (n개의 미지수를 가진) 선형연립방정식은 **다음 중 하나만**(one and only one)을 만족한다.

(1) 유일한 해를 갖는다.
(2) 무수히 많은 해를 갖는다.
(3) 해를 갖지 않는다.

■ (2개의 미지수를 가진 선형연립방정식의) 해집합의 다양한 모습

(1) $\begin{cases} x+y=3 \\ x-y=1 \end{cases}$ (2) $\begin{cases} 2x-y=-2 \\ -2x+y=2 \end{cases}$ (3) $\begin{cases} 2x-y=-2 \\ -2x+y=4 \end{cases}$

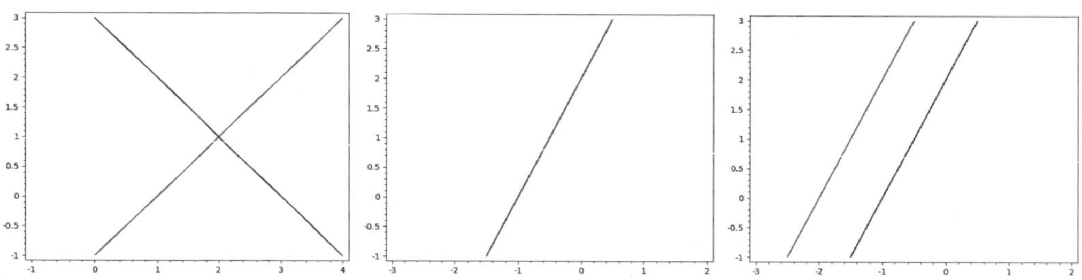

모든 선형연립방정식은 (1) 유일한 해를 갖거나, (2) 무수히 많은 해를 갖거나, (3) 해집합이 공집합인, 세 가지 경우 외에 다른 가능성은 없다.

4.2 첨가행렬(augmented matrix)

선형연립방정식은 행렬을 이용하여 표현할 수 있다. 다음과 같이 n개의 미지수를 갖는 m개의 선형방정식에 대하여

$$(1)\qquad \begin{cases} a_{11}x_1 + a_{12}x_2 + \cdots + a_{1n}x_n = b_1 \\ a_{21}x_1 + a_{22}x_2 + \cdots + a_{2n}x_n = b_2 \\ \qquad\qquad \vdots \\ a_{m1}x_1 + a_{m2}x_2 + \cdots + a_{mn}x_n = b_m \end{cases}$$

벡터를 이용하여 표기하면 다음과 같다.

$$\begin{bmatrix} a_{11}x_1 + a_{12}x_2 + \cdots + a_{1n}x_n \\ a_{21}x_1 + a_{22}x_2 + \cdots + a_{2n}x_n \\ \vdots \\ a_{m1}x_1 + a_{m2}x_2 + \cdots + a_{mn}x_n \end{bmatrix} = \begin{bmatrix} b_1 \\ b_2 \\ \vdots \\ b_m \end{bmatrix}$$

이를 행렬의 곱을 이용하여 표현하면

$$\begin{bmatrix} a_{11} & a_{12} & \cdots & a_{1n} \\ a_{21} & a_{22} & \cdots & a_{2n} \\ \vdots & \vdots & & \vdots \\ a_{m1} & a_{m2} & \cdots & a_{mn} \end{bmatrix} \begin{bmatrix} x_1 \\ x_2 \\ \vdots \\ x_n \end{bmatrix} = \begin{bmatrix} b_1 \\ b_2 \\ \vdots \\ b_m \end{bmatrix}$$

가 된다.

$$A = \begin{bmatrix} a_{11} & a_{12} & \cdots & a_{1n} \\ a_{21} & a_{22} & \cdots & a_{2n} \\ \vdots & \vdots & & \vdots \\ a_{m1} & a_{m2} & \cdots & a_{mn} \end{bmatrix},\ \mathbf{x} = \begin{bmatrix} x_1 \\ x_2 \\ \vdots \\ x_n \end{bmatrix},\ \mathbf{b} = \begin{bmatrix} b_1 \\ b_2 \\ \vdots \\ b_m \end{bmatrix}$$

라 놓으면 선형연립방정식은 다음과 같이 간단히 쓸 수 있다.

$$A\mathbf{x} = \mathbf{b}$$

이때 행렬 A를 선형연립방정식 (1)의 **계수행렬**(coefficient matrix)이라 하며, A에 $\mathbf{b}$를 붙여서 만든 행렬

$$[A : \mathbf{b}] = \begin{bmatrix} a_{11} & a_{12} & \cdots & a_{1n} & \vdots & b_1 \\ a_{21} & a_{22} & \cdots & a_{2n} & \vdots & b_2 \\ \vdots & \vdots & \ddots & \vdots & \vdots & \vdots \\ a_{m1} & a_{m2} & \cdots & a_{mn} & \vdots & b_m \end{bmatrix}$$

을 선형연립방정식 (1)의 **첨가행렬**(augmented matrix)이라고 한다.

예제 1 다음 선형연립방정식의 첨가행렬을 구하시오.

$$\begin{cases} x+y+2z=9 \\ 2x+4y-3z=1 \\ 3x+6y-5z=0 \end{cases}$$

sage -------- http://matrix.skku.ac.kr/KOFAC/ --------

```
A = matrix([[1, 1, 2], [2, 4, -3], [3, 6, -5]])  # 계수행렬 입력
b = vector([9, 1, 0])  # 상수항 벡터
print("[A : b] =")
A.augment(b)  # 첨가행렬
```

```
[A : b] =
[ 1  1  2 : 9]
[ 2  4 -3 : 1]
[ 3  6 -5 : 0]
```

■

* n차의 정사각행렬 A가 가역이고 $\mathbf{b}$가 $\mathbb{R}^n$의 벡터일 때, 연립방정식 $A\mathbf{x}=\mathbf{b}$는 유일한 해 $\mathbf{x} = A^{-1}\mathbf{b}$를 갖는다.

예제 2 역행렬을 이용하여 다음 연립방정식 $A\mathbf{x} = \mathbf{b}$의 해를 구하시오.

$$\begin{cases} x_1 + 2x_2 + 3x_3 = 1 \\ 2x_1 + 5x_2 + 3x_3 = 3 \\ x_1 \qquad + 8x_3 = -1 \end{cases}$$

-------- http://matrix.skku.ac.kr/KOFAC/ --------

```
A = matrix(3, 3, [1, 2, 3, 2, 5, 3, 1, 0, 8])
b = vector([1, 3, -1])
print("x =", A.inverse()*b)  # 역행렬을 이용한 연립방정식의 해 구하기
print()
print("x =", A.solve_right(b))  # .solve_right( )를 이용하여 구할 수도 있다.
```

---

x= (-1, 1, 0)

따라서 주어진 선형연립방정식의 해는 $x_1 = -1$, $x_2 = 1$, $x_3 = 0$ 이다. ■

◪ 열린 문제 12 다른 교재의 선형 연립방정식의 해를 위의 명령어로 구하시오.

(Hint: http://matrix.skku.ac.kr/2018-album/LA-Sec-3-5-lab.html 실습)

스트롱 코리아 포럼 2020(2020. 5. 27.) 발표 http://www.strongkorea.or.kr/kor/

4.3 가우스 소거법

이제 선형연립방정식의 해집합을 구하는 **가우스**(Gauss) **소거법**에 대하여 살펴보자. 먼저 아래 간단한 선형연립방정식의 풀이 예시를 보자. 아래는 각각의 선형연립방정식에 대응하는 첨가행렬을 나타내었다.

$$\begin{cases} 2x+3y=1 \\ x-2y=4 \end{cases} \Rightarrow \begin{cases} 2x+3y=1 \\ 2x-4y=8 \end{cases} \Rightarrow \begin{cases} 2x+3y=1 \\ -7y=7 \end{cases}$$

$$\begin{bmatrix} 2 & 3 & \vdots & 1 \\ 1 & -2 & \vdots & 4 \end{bmatrix} \quad \begin{bmatrix} 2 & 3 & \vdots & 1 \\ 2 & -4 & \vdots & 8 \end{bmatrix} \quad \begin{bmatrix} 2 & 3 & \vdots & 1 \\ 0 & -7 & \vdots & 7 \end{bmatrix}$$

$$\Rightarrow \begin{cases} 2x+3y=1 \\ -7y=7 \end{cases} \Rightarrow \begin{cases} 2x= 4 \\ y=-1 \end{cases} \Rightarrow \begin{cases} x= 2 \\ y=-1 \end{cases}$$

$$\begin{bmatrix} 2 & 3 & \vdots & 1 \\ 0 & 1 & \vdots & -1 \end{bmatrix} \quad \begin{bmatrix} 2 & 0 & \vdots & 4 \\ 0 & 1 & \vdots & -1 \end{bmatrix} \quad \begin{bmatrix} 1 & 0 & \vdots & 2 \\ 0 & 1 & \vdots & -1 \end{bmatrix}$$

위의 예시에서 다음 세 가지 연산이 이루어지는데, 이를 **기본행 연산**(ERO, Elementary Row Operations)이라 한다.

(1) 두 식을 교환한다.

(2) 한 식에 0 아닌 실수를 곱한다.

(3) 한 식에 0 아닌 실수배를 하여 다른 식에 더한다.

(위의 예시에서는 "**(1) 두 식을 교환한다**"는 기본행 연산은 사용되지 않았다. 그러나, 미지수와 방정식의 개수가 많은 선형연립방정식의 경우 소거법을 체계적으로 다루기 위하여 식의 순서를 우선 정리하는 것이 필요하다.) 기본행 연산은 주어진 선형연립방정식을 단순한 선형 연립방정식으로 바꾸어줄 뿐 해집합을 바꾸지 않는다.

또한 선형연립방정식에 행한 기본행 연산은 첨가행렬에 행한 것과 같다. 따라서 행렬에 대해서도 기본행 연산을 정의할 수 있다.

(1) 행렬의 두 행을 서로 바꾼다.

(2) 행렬의 한 행에 0이 아닌 실수를 곱한다.

(3) 행렬의 한 행에 실수배를 하여 다른 행에 더한다.

선형연립방정식을 푸는 가우스 소거법은 위의 예시에서와 같이 첨가행렬을 간단하게 하는 것이다. 즉 기본행 연산을 사용하여 첨가행렬을 왼쪽에서 오른쪽의 형태로 바꾸어 계산하는 것이다.

$$\begin{bmatrix} 2 & 3 & \vdots & 1 \\ 1 & -2 & \vdots & 4 \end{bmatrix} \Rightarrow \begin{bmatrix} 1 & 0 & \vdots & 2 \\ 0 & 1 & \vdots & -1 \end{bmatrix}$$

오른쪽의 형태를 **기약 행 사다리꼴**(reduced row echelon form, RREF)[1]이라고 한다. 주어진 행렬 A의 RREF는 아래와 같은 명령어로 구할 수 있다.

예제 3 **다음 선형연립방정식의 해를 계산하고, 직접 계산한 결과와 코딩 프로그램을 이용하여 계산한 결과를 비교하시오. (해가 유일한 경우)**

(1) $\begin{cases} 2x-3y+\ z=\ 10 \\ 7x+\ y-2z=\ 1 \\ \ x+4y+3z=-9 \end{cases}$ [가우스 소거법 후: $\begin{cases} x+\ 0y+\ 0z=\ 39/59 \\ 0x+\ y+\ 0z=\ -162/59 \\ 0x+0y+\ z=\ 26/59 \end{cases}$]

sage -------- http://matrix.skku.ac.kr/KOFAC/ ----------

```
A = matrix([[2, -3, 1], [7, 1, -2], [1, 4, 3]]) # 계수행렬
b = vector([10, 1, -9]) # 상수항 벡터
A.augment(b).rref() # 첨가행렬의 RREF, # RREF( [A : b] )
------------------------------------------------------------------------
[   1    0    0  39/59]
[   0    1    0 -162/59]
[   0    0    1  26/59]  # RREF( [A : b] )
```

■

위의 결과로부터 $x=\frac{39}{59},\ y=-\frac{162}{59},\ z=\frac{26}{59}$를 얻는다.

---

1) 기약 행 사다리꼴(RREF)의 정의는 다음과 같다.

① 성분이 모두 0인 행이 존재하면 그 행은 행렬의 맨 아래에 위치한다.

② 각 행에서 처음으로 나타나는 0이 아닌 성분은 1이다. 이때 이 1을 그 행의 선행성분(leading entry, leading 1)이라고 한다.

③ i행과 $(i+1)$행 모두에 선행성분이 존재하면 $(i+1)$행의 선행성분은 i행의 선행성분보다 오른쪽에 위치한다.

④ 선행성분(leading entry in row)을 포함하는 열의 선행성분 외의 성분은 모두 0이다.

Sage의 내부 명령어로부터 구할 수도 있다.

Sage -------- http://matrix.skku.ac.kr/KOFAC/ --------

```
A.solve_right(b)
```

```
(39/59, -162/59, 26/59)  # 답 x= 39/59, y= -162/59, z= 26/59
```
■

(2) $\begin{cases} x-3y+8z=-5 \\ \quad\ \ y+5z=\ 3 \\ 4x+6y+7z=-1 \end{cases}$

Sage -------- http://matrix.skku.ac.kr/KOFAC/ --------

```
A = matrix([[1, -3, 8], [0, 1, 5], [4, 6, 7]])
b = vector([-5, 3, -1])
A.solve_right(b)
```

```
(-3, 34/23, 7/23)  # 답 x=-3, y=34/23, z=7/23
```
■

4.4 연립방정식의 해집합

예제 4 다음 연립방정식의 해를 계산하시오. (해가 무수히 많은 경우)

$$\begin{cases} 3x-2y+\ z-\ u+5v=\ 1 \\ 2x\ +y-2z+3u\ \ \ \ \ =\ 23 \\ \ x+5y+4z-7u+\ v=-17 \end{cases}$$

Sage -------- http://matrix.skku.ac.kr/KOFAC/ --------

```
A = matrix([[3, -2, 1, -1, 5], [2, 1, -2, 3, 0], [1, 5, 4, -7, 1]])
b = vector([1, 23, -17])
A.augment(b).rref()
```

```
[   1    0    0    4/71   73/71  :  262/71]
[   0    1    0  -13/71  -42/71  :  107/71]
[   0    0    1 -109/71   52/71  : -501/71]
```
■

위의 결과가 의미하는 것은

$$x+\frac{4}{71}u+\frac{73}{71}v=\frac{262}{71} \qquad \text{즉} \qquad x=-\frac{4}{71}u-\frac{73}{71}v+\frac{262}{71}$$
$$y-\frac{13}{71}u-\frac{42}{71}v=\frac{107}{71} \qquad\qquad y=\frac{13}{71}u+\frac{42}{71}v+\frac{107}{71}$$
$$z-\frac{109}{71}u+\frac{52}{71}v=-\frac{501}{71} \qquad\qquad z=\frac{109}{71}u-\frac{52}{71}v-\frac{501}{71}$$

이다. **따라서 u와 v의 값이 정해지면 그에 따라 x, y, z의 값이 정해진다.** $u=r$, $v=s$ **(여기서 r, s는 임의의 실수)를 대입하면 다음을 얻는다.**

$$\begin{aligned} x&=-\frac{4}{71}r-\frac{73}{71}s+\frac{262}{71}\\ y&=\frac{13}{71}r+\frac{42}{71}s+\frac{107}{71}\\ z&=\frac{109}{71}r-\frac{52}{71}s-\frac{501}{71}\\ u&=r\\ v&=s \end{aligned}$$

이 해를 벡터 형태로 쓰면 다음과 같다.

$$\begin{bmatrix} x\\ y\\ z\\ u\\ v \end{bmatrix}=\begin{bmatrix} -\frac{4}{71}r-\frac{73}{71}s+\frac{262}{71}\\ \frac{13}{71}r+\frac{42}{71}s+\frac{107}{71}\\ \frac{109}{71}r-\frac{52}{71}s-\frac{501}{71}\\ r\\ s \end{bmatrix}=\begin{bmatrix} \frac{262}{71}\\ \frac{107}{71}\\ -\frac{501}{71}\\ 0\\ 0 \end{bmatrix}+r\begin{bmatrix} -\frac{4}{71}\\ \frac{13}{71}\\ \frac{109}{71}\\ 1\\ 0 \end{bmatrix}+s\begin{bmatrix} -\frac{73}{71}\\ \frac{42}{71}\\ -\frac{52}{71}\\ 0\\ 1 \end{bmatrix}$$

r과 s에 임의의 실수를 대입하여 얻은 $(x,\ y,\ z,\ u,\ v)$는 모두 해가 된다. 따라서 무수히 많은 해를 갖는다. 가우스 소거법은 이와 같이 **해집합**을 구할 때 매우 유용하다.

Sage의 내부 명령어가 주는 해는 위의 일반해 중 $r=0$, $s=0$인 경우의 특수해

(particular solution)**만 제공한다.** [해집합을 찾는 일반적인 방법은 $A\mathbf{x}=\mathbf{b}$ 의 특수해와 $A\mathbf{x}=\mathbf{0}$ 의 해집합을 구한 후 합하면 된다. 이때 명령어 A.right_kernel()을 사용한다. 자세한 내용은 http://matrix.skku.ac.kr/K-MOOC-LA/cla-week-4.html 을 참고하시오.]

sage -------- http://matrix.skku.ac.kr/KOFAC/ --------

```
A.solve_right(b)
--------------------------------------------------------------------
(262/71, 107/71, -501/71, 0, 0)
```

■

예제 5 다음 연립방정식의 해를 계산하시오. (해가 없는 경우)

$$\begin{cases} x-2y+z=7 \\ 2x-2y+z=5 \\ 3x+y-5z=0 \\ -y+2z=-4 \\ -6x+7z=-10 \end{cases} \qquad \left(\text{즉, } \begin{cases} x=0 \\ y=0 \\ z=0 \\ 0z=1 \\ 0z=0 \end{cases}\right)$$

sage -------- http://matrix.skku.ac.kr/KOFAC/ --------

```
A = matrix([[1, -2, 1], [2, -2, 1], [3, 1, -5], [0, -1, 2], [-6, 0, 7]])
b = vector([7, 5, 0, -4, -10])
A.augment(b).rref()
--------------------------------------------------------------------
[1 0 0 : 0]
[0 1 0 : 0]
[0 0 1 : 0]
[0 0 0 : 1]
[0 0 0 : 0]
```

■

위의 결과가 의미하는 것은

$$x=0,\ y=0,\ z=0,\quad 0=1,\ 0=0$$

이다. 따라서 네 번째 식 $0=1$이 모순이므로 이 연립방정식은 해가 존재하지 않는다.

Sage의 RREF 명령어 대신 solve_right 명령어를 이용하면 다음 "has no solutions"란 답을 얻는다. 이는 해가 존재하지 않음을 의미한다. 이때는 **해집합이 공집합이다.**

Sage -------- http://matrix.skku.ac.kr/KOFAC/ --------

```
A.solve_right(b)
--------------------------------------------------------------------
...
ValueError: matrix equation has no solutions
```
■

선형연립방정식의 첨가행렬을 기본행 연산(ERO)에 의해 REF (또는 RREF)로 변형하면,

$$\begin{bmatrix} a_{11} & a_{12} & a_{13} & \cdots & a_{1n} & : & b_1 \\ a_{21} & a_{22} & a_{23} & \cdots & a_{2n} & : & b_2 \\ a_{31} & a_{32} & a_{33} & \cdots & a_{3n} & : & b_3 \\ \vdots & \vdots & \vdots & & \vdots & : & \vdots \\ a_{m1} & a_{m2} & a_{m3} & \cdots & a_{mn} & : & b_m \end{bmatrix} \xrightarrow{ERO} \begin{bmatrix} 1 & c_{12} & c_{13} & \cdots & c_{1k} & \cdots & c_{1n} & : & d_1 \\ 0 & 1 & c_{23} & \cdots & c_{2k} & \cdots & c_{2n} & : & d_2 \\ \vdots & \vdots & \vdots & & \vdots & & \vdots & : & \vdots \\ 0 & 0 & 0 & \cdots & 1 & \cdots & c_{rn} & : & d_r \\ 0 & 0 & 0 & \cdots & 0 & \cdots & 0 & : & \boxed{d_{r+1}} \\ 0 & 0 & 0 & \cdots & 0 & \cdots & 0 & : & 0 \end{bmatrix}$$

REF (또는 RREF)

(1) $d_{r+1} \neq 0$ 인 경우: 해가 없다.

(2) $d_{r+1} = 0$ 인 경우: (r은 선행성분의 개수, n은 미지수의 개수)

① $r = n$: 해가 유일하다.

② $r < n$: 해가 무수히 많다.

지금까지 선형연립방정식의 개념과 가우스 소거법에 관하여 살펴보았다. 인공지능에서, 주어진 데이터에 대한 적절한 모델을 찾는 문제는 선형연립방정식으로 귀결되는데, 이 경우 일반적으로 해가 존재하지 않는다. 이를 해결하기 위하여 **가능한 최적해인 〈최소제곱해〉**를 찾는 문제가 대두되는데, 이와 관련된 내용은 다음 절에서 자세히 살펴본다.

◪ 열린 문제 13 주어진 선형연립방정식이 유일해를 갖는지, 무수히 많은 해를 갖는지, 해가 존재하지 않는지를 판단하는 것은 첨가행렬 $[A : \mathbf{b}]$의 RREF를 구하여 이것만 자세히 보면 바로 판단이 가능한 이유를 설명하시오.

참고자료 해집합 http://matrix.skku.ac.kr/K-MOOC-LA/cla-week-4.html

[수학-과학 교육 발전협의체 발족식, 2020년 7월 29일]

5 정사영과 최소제곱문제(least square problem)

최소제곱법은 데이터들의 패턴과 분포(behavior)를 잘 표현하는 근사직선이나 근사곡선을 구하는 아주 직관적이며 간단한 방법으로, 수치해석, 회귀분석, 영상처리, 로봇 위치상태 분석 분야에서도 다양하게 활용된다. 이 절에서는 최소제곱법이 어떻게 실제 문제에 활용되는지, 그리고 계산은 어떻게 하면 되는지 구체적 예를 통해 소개한다.

5.1 최소제곱문제 http://matrix.skku.ac.kr/math4ai-intro/W5/

다음과 같이 x와 y에 관한 2차원 데이터가 주어져 있다고 하자.

$$(0,1),\ (1,3),\ (2,4),\ (3,4)$$

이를 좌표평면에 나타내면 아래의 왼쪽 그림과 같다. 우리는 직관적으로 x와 y의 관계를 아래 오른쪽 그림과 같이 직선(**파란색 점선**)으로 나타낼 수 있음을 알 수 있다. 이를 **최소제곱직선**이라 한다.

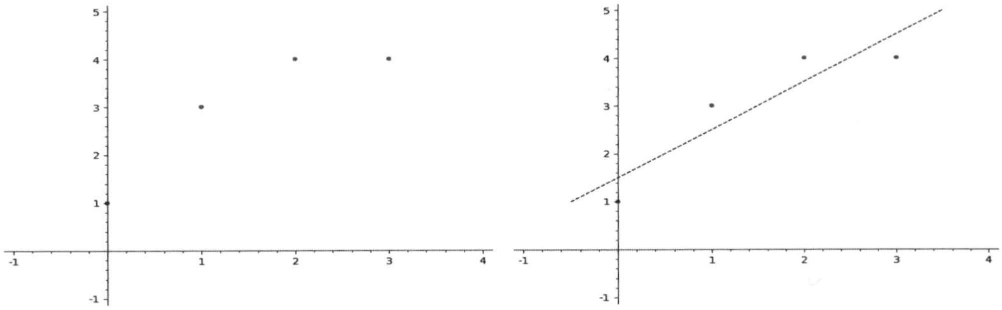

[그림 1]

이제 **최소제곱직선을 찾아보자.** 즉 x와 y의 관계를 가장 잘 보여주는 일차함수 $y=a+bx$를 찾는다. 가장 이상적인 상황은 모든 데이터 $(x_i,\ y_i)$에 대해서 $y_i=a+bx_i$가 만족되는 y절편 a와 기울기 b를 찾는 것이다. 따라서 다음과 같이 미지수가 a, b인 선형연립방정식과 행렬표현을 얻게 된다.

〈표 1〉

데이터 (x, y)	$\rightarrow$	일차함수 $y=a+bx$	선형연립방정식	행렬표현
$(0, 1)$	$\rightarrow$	$1=a+b\cdot 0$	$\begin{cases} a \quad\ \ = 1 \\ a+\ b=3 \\ a+2b=4 \\ a+3b=4 \end{cases}$	$\begin{bmatrix} 1 & 0 \\ 1 & 1 \\ 1 & 2 \\ 1 & 3 \end{bmatrix} \begin{bmatrix} a \\ b \end{bmatrix} = \begin{bmatrix} 1 \\ 3 \\ 4 \\ 4 \end{bmatrix}$ $A \quad \mathbf{u} \quad \mathbf{y}$ $A\mathbf{u}=\mathbf{y}$
$(1, 3)$	$\rightarrow$	$3=a+b\cdot 1$		
$(2, 4)$	$\rightarrow$	$4=a+b\cdot 2$		
$(3, 4)$	$\rightarrow$	$4=a+b\cdot 3$		

우리가 이미 알고 있는 바와 같이, 직선을 구하기 위해서는 (즉 a와 b를 찾기 위해서는) 두 개의 데이터(두 점)에 대한 정보만 있으면 충분하다. 그러나 측정에서 생기는 오차의 영향을 줄이기 위하여, 대개는 미지수의 개수보다 많은 개수의 데이터를 사용하므로, 방정식의 수가 미지수의 개수보다 많은 선형연립방정식이 생긴다. 이런 경우, 일반적으로 선형연립방정식을 만족하는 해(즉 $A\mathbf{u}=\mathbf{y}$인 $\mathbf{u}$)를 기대할 수 없다. 대신 $A\mathbf{u}$와 $\mathbf{y}$ 사이의 거리($\text{dist}(A\mathbf{u}, \mathbf{y}) = \| A\mathbf{u}-\mathbf{y} \|$)가 최소가 되는 근사해, 즉 다음을 만족하는 $\hat{\mathbf{u}}$를 찾는 문제를 **최소제곱문제**(least square problem)라 한다.

$$\min \| A\mathbf{u}-\mathbf{y} \|$$

여기서 min은 '최소화 한다'는 의미이다. 그리고 $\hat{\mathbf{u}}$는 $A\mathbf{u}=\mathbf{y}$의 **최소제곱해**(least square solution)라고 한다.

5.2 최소제곱문제의 의미

최소제곱문제는 다음과 같이 **해석가능하다. 즉 각 데이터 (x_i, y_i)에 대하여 x_i를 일차함수 $y=a+bx$에 대입하여 얻은 값을 $\hat{y}_i$ 라 하자(즉 $\hat{y}_i = a+bx_i$). 〈표 1〉의 선형연립방정식의 해가 존재하지 않는 경우는 각 데이터에 따라서 y_i와 $\hat{y}_i$가 같지 않은 상황이 발생하므로, 이를 해결하기 위한 차선책으로 각 데이터의 (제곱)오차 $(y_i - \hat{y}_i)^2$가**

최소가 되는 a, b를 구한다. 주어진 모든 데이터에 대하여 오차(error)를 더하면 다음을 얻는다.

$$E(\mathbf{u}) = E(a, b) = (a-1)^2 + (a+b-3)^2 + (a+2b-4)^2 + (a+3b-4)^2 = \| A\mathbf{u} - \mathbf{y} \|^2$$

따라서 **최소제곱문제는 아래와 같이 오차를 최소화하는 아래 (최적화(optimization)) 문제**로 이해할 수 있다.

$$\min \ E(\mathbf{u})$$

5.3 정사영과 최소제곱해 (least square solution)

최소제곱문제를 풀기 위해서는 정사영(projection)에 관하여 알아야 한다. **먼저 다음 식을 만족하는 해 t를 찾는 문제를 보자.** https://youtu.be/xGZPBT4Q4t4

$$\min \| t\mathbf{a} - \mathbf{x} \| \quad (\text{여기서 } t\text{는 실수})$$

이 문제는 시작점이 같은 두 벡터 $\mathbf{a}$와 $\mathbf{x}$에 대하여, $\mathbf{a}$를 포함하는 직선과 $\mathbf{x}$사이의 거리가 최소가 되게 하는 t를 찾으려고 하는 것이다.

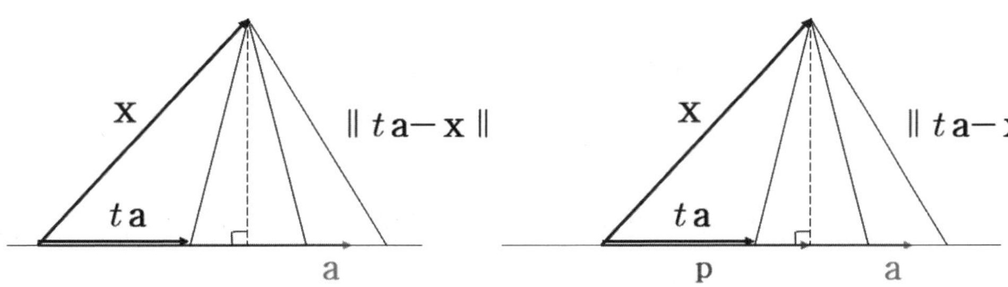

[그림 2]

$t\mathbf{a}$는 $\mathbf{a}$와 평행이므로 $\mathbf{a}$를 포함하는 직선위에 놓이게 되고 [그림 2]에서 보듯이 실수 t의 값에 대하여 $\| t\mathbf{a} - \mathbf{x} \|$는 실선으로 표시된 선분의 길이를 나타낸다. 직관적으로 $t\mathbf{a}$ 중 $\mathbf{x}$와의 거리가 가장 짧은 벡터는 $\mathbf{x}$의 끝점에서 $\mathbf{a}$를 포함하는 직선 위에 수선을

내려 생기는 벡터 $\mathbf{p} = t\mathbf{a}$임을 쉽게 알 수 있다. 그리고 이때의 t값이 $\min \| t\mathbf{a} - \mathbf{x} \|$의 해가 된다. 벡터 $\mathbf{p}$를 **a 위로의 x의 정사영**(projection)이라고 한다. 실수 t를 구하기 위해 $(\mathbf{x} - t\mathbf{a}) \perp \mathbf{a}$임을 이용하면 다음을 얻는다.

$$\mathbf{a} \cdot (\mathbf{x} - t\mathbf{a}) = 0 \quad \Rightarrow \quad t(\mathbf{a} \cdot \mathbf{a}) = \mathbf{a} \cdot \mathbf{x} \quad \Rightarrow \quad t = \frac{\mathbf{a} \cdot \mathbf{x}}{\mathbf{a} \cdot \mathbf{a}} = (\mathbf{a}^T\mathbf{a})^{-1}\mathbf{a}^T\mathbf{x}$$

예제 1 $\mathbf{x} = (2, -1, 3)$, $\mathbf{y} = (4, -1, 2)$**에 대하여 x위로의 y의 정사영을 구하시오.**

sage -------- http://matrix.skku.ac.kr/KOFAC/ --------

```
x = vector([2, -1, 3])
y = vector([4, -1, 2])
yx = y.inner_product(x)  # 벡터 x와 y의 내적 구하기
xx = x.inner_product(x)  # 벡터 x와 x의 내적 구하기
p = yx/xx*x  # 벡터의 정사영 구하기
print("p =", p)
------------------------------------------------------------------------
p = (15/7, -15/14, 45/14)
```

■

⟨표 1⟩의 최소제곱문제 $\min \| A\mathbf{u} - \mathbf{y} \|$도 앞서 설명한 $\min \| t\mathbf{a} - \mathbf{x} \|$과 유사한 방법으로 풀 수 있다. 이를 위해 A_1, A_2를 각각 A의 첫 번째, 두 번째 열벡터라고 하자. 그러면 $A\mathbf{u} = aA_1 + bA_2$이므로 다음과 같이 나타낼 수 있다.

$$\min \| A\mathbf{u} - \mathbf{y} \| = \min \| (aA_1 + bA_2) - \mathbf{y} \|$$

이 문제는 시작점이 같은 세 벡터 A_1, A_2, $\mathbf{y}$에 대하여, A_1과 A_2를 포함하는 **평면**과 $\mathbf{y}$사이의 거리가 최소가 되게 하는 a, b를 찾으려고 하는 것이다.

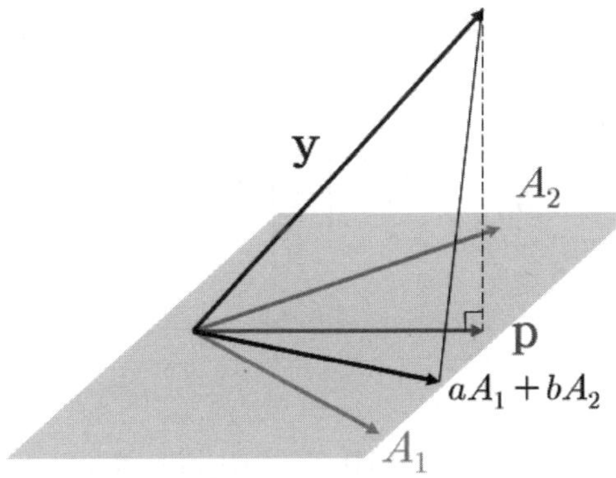

[그림 3]

$A\mathrm{u}=aA_1+bA_2$는 실수 a와 b에 따라 A_1과 A_2를 포함하는 평면에 놓이게 되고, [그림 3]에서 보듯이 실수 a와 b의 값에 대하여 $\|(aA_1+bA_2)-\mathrm{y}\|$는 실선으로 표시된 선분의 길이를 나타낸다. 직관적으로 aA_1+bA_2 중 y와의 거리가 가장 짧은 벡터는 y의 끝점에서 A_1과 A_2를 포함하는 평면 위에 수선을 내려 생기는 벡터 $\mathrm{p}=aA_1+bA_2$임을 쉽게 알 수 있다. 그리고 이때의 a와 b의 값이 $\min\|A\mathrm{u}-\mathrm{y}\|=\min\|(aA_1+bA_2)-\mathrm{y}\|$의 해가 된다. 따라서 실수 a와 b를 구하기 위해 $(A\mathrm{u}-\mathrm{y})\perp A_1$, $(A\mathrm{u}-\mathrm{y})\perp A_2$임을 이용하면 다음을 얻는다.

$$\begin{cases} A_1\cdot(A\mathrm{u}-\mathrm{y})=0 \\ A_2\cdot(A\mathrm{u}-\mathrm{y})=0 \end{cases} \quad\Leftrightarrow\quad \begin{bmatrix} A_1\cdot(A\mathrm{u}-\mathrm{y}) \\ A_1\cdot(A\mathrm{u}-\mathrm{y}) \end{bmatrix}=\begin{bmatrix}0\\0\end{bmatrix}$$

$$\Leftrightarrow\quad \begin{bmatrix} A_1^T \\ A_1^T \end{bmatrix}(A\mathrm{u}-\mathrm{y})=\begin{bmatrix}0\\0\end{bmatrix} \quad\Leftrightarrow\quad A^T(A\mathrm{u}-\mathrm{y})=0$$

$$\Leftrightarrow\quad A^TA\mathrm{u}=A^T\mathrm{y} \quad\Leftrightarrow\quad \hat{\mathrm{u}}=(A^TA)^{-1}A^T\mathrm{y}$$

참고 데이터 $\{(x_i, y_i)\}$에서 $x_i \neq x_j$이면 항상 A^TA의 역행렬이 존재하므로 위 식에서 $\hat{\mathrm{u}}=(A^TA)^{-1}A^T\mathrm{y}$와 같이 계산할 수 있다.

Vandermonde 행렬식 https://steemit.com/kr-math/@beoped/vandermonde-determinant

예제 2 〈표 1〉의 선형연립방정식 $A\mathbf{u}=\mathbf{y}$의 최소제곱해를 구하여라.

풀이. $A=\begin{bmatrix}1&0\\1&1\\1&2\\1&3\end{bmatrix}$, $\mathbf{u}=\begin{bmatrix}a\\b\end{bmatrix}$, $\mathbf{y}=\begin{bmatrix}1\\3\\4\\4\end{bmatrix}$에 대하여 $A\mathbf{u}=\mathbf{y}$의 최소제곱해 (min $\|A\mathbf{u}-\mathbf{y}\|$의 해)는 다음과 같이 구한다.

$$\hat{\mathbf{u}}=\begin{bmatrix}a\\b\end{bmatrix}=(A^TA)^{-1}A^T\mathbf{y}=\begin{bmatrix}\frac{7}{10}&-\frac{3}{10}\\-\frac{3}{10}&\frac{2}{10}\end{bmatrix}\begin{bmatrix}1&1&1&1\\0&1&2&3\end{bmatrix}\begin{bmatrix}1\\3\\4\\4\end{bmatrix}=\begin{bmatrix}\frac{3}{2}\\1\end{bmatrix}=\begin{bmatrix}1.5\\1\end{bmatrix}$$

sage -------- http://matrix.skku.ac.kr/KOFAC/ --------

```
A = matrix([[1, 0], [1, 1], [1, 2], [1, 3]])
y = vector([1, 3, 4, 4])
print("u* =", (A.transpose()*A).inverse()*A.transpose()*y)
```

---

u* = (3/2, 1)   (즉, a=3/2, b=1) ■

따라서 **최소제곱직선**(least square line)은 $y=\frac{3}{2}+x$이다. 통계학에서는 이 과정을 **선형 회귀**(linear regression)라고도 한다.

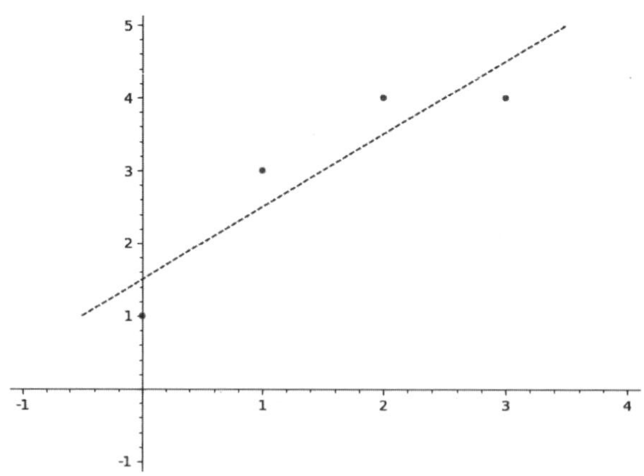

■

[그림 4]

5.4 데이터에 적합한 곡선 찾기(Curve Fitting)

앞서 학습한 방법을 활용하여 x와 y의 관계를 가장 잘 보여주는(best fit 하는) 이차식 (근사식) $y=a+bx+cx^2$도 찾을 수 있다. 즉 다음과 같이 미지수가 a, b, c인 선형 연립방정식과 행렬표현을 얻게 된다.

〈표 3〉

데이터 (x,y)	$\rightarrow$	이차함수 $y=a+bx+cx^2$	선형연립방정식	행렬표현
$(0,1)$	$\rightarrow$	$1=a+b\cdot 0+c\cdot 0$	$\begin{cases} a = 1 \\ a+b+c=3 \\ a+2b+4c=4 \\ a+3b+9c=4 \end{cases}$	$\underset{A}{\begin{bmatrix} 1 & 0 & 0 \\ 1 & 1 & 1 \\ 1 & 2 & 4 \\ 1 & 3 & 9 \end{bmatrix}} \underset{\mathbf{u}}{\begin{bmatrix} a \\ b \\ c \end{bmatrix}} = \underset{\mathbf{y}}{\begin{bmatrix} 1 \\ 3 \\ 4 \\ 4 \end{bmatrix}}$ $A\mathbf{u}=\mathbf{y}$
$(1,3)$	$\rightarrow$	$3=a+b\cdot 1+c\cdot 1^2$		
$(2,4)$	$\rightarrow$	$4=a+b\cdot 2+c\cdot 2^2$		
$(3,4)$	$\rightarrow$	$4=a+b\cdot 3+c\cdot 3^2$		

이차함수를 구하기 위해서는(즉, a, b, c를 찾기 위해서는) 세 개의 데이터(즉, 세 점)에 대한 정보만 있으면 충분하다. 그러나 측정에서 생기는 오차의 영향을 줄이기 위하여, 대개는 미지수의 개수보다 많은 개수의 데이터를 사용하므로, 방정식의 수가 미지수의 개수보다 많은 선형연립방정식이 생긴다. 따라서 다음과 같은 최소제곱문제가 생긴다.

$$\min \ \| A\mathbf{u}-\mathbf{y} \|$$

이를 오차로 표현하면 다음과 같다.

$$\begin{aligned} E(\mathbf{u}) &= E(a,b,c) = (a-1)^2+(a+b+c-3)^2+(a+2b+4c-4)^2+(a+3b+9c-4)^2 \\ &= \| A\mathbf{u}-\mathbf{y} \|^2 \end{aligned}$$

같은 방법으로 행렬을 이용하여 다음과 같이 구할 수 있다.

$$\hat{\mathbf{u}} = \begin{bmatrix} a \\ b \\ c \end{bmatrix} = (A^TA)^{-1}A^T\mathbf{y} = \begin{bmatrix} 1 \\ \frac{5}{2} \\ -\frac{1}{2} \end{bmatrix}$$

sage -------- http://matrix.skku.ac.kr/KOFAC/ --------

```
A = matrix([[1, 0, 0], [1, 1, 1], [1, 2, 4], [1, 3, 9]])
y = vector([1, 3, 4, 4])
print("u* =", (A.transpose()*A).inverse()*A.transpose()*y)
```

----

u* = (1, 5/2, -1/2)　　　(즉, a=1, b=5/2, c=-1/2) ■

따라서 **최소제곱 곡선**(least square curve)은 $y = 1 + \frac{5}{2}x - \frac{1}{2}x^2$이다.

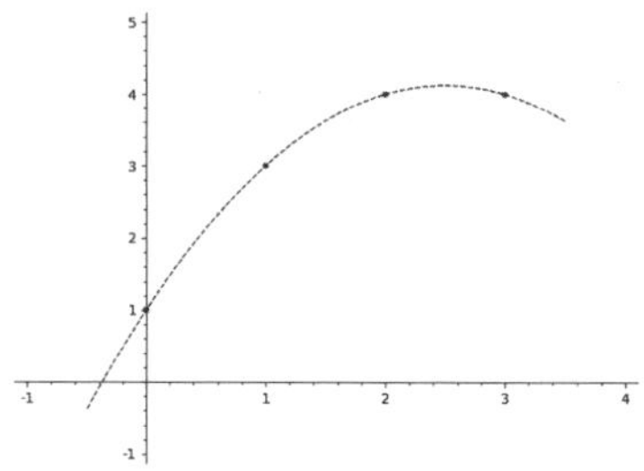

[그림 5] ■

열린 문제 14 A^TA 의 역행렬이 존재할 조건에 대하여 토론하고, 앞서 구한 방법으로 $\mathbb{R}^2$ 평면의 6개의 점에 (best fit 하는) 3차의 최소제곱곡선 $y = a + bx + cx^2 + dx^3$을 구할 수 있음에 대하여 토론하시오.

실습실

- 최소제곱문제(least squares problem) http://matrix.skku.ac.kr/2020-math4AI/LSS/
- 정사영(Projection) https://www.geogebra.org/m/ewP9ybUP

6 행렬 분해(Matrix decomposition, 특잇값분해)

인공지능은 데이터를 기반으로 자료를 분류하거나 미래를 예측하는 등 가장 합리적인 의사결정을 한다. 우리도 마찬가지로 문제를 이해하고, 자신의 수학적 지식을 이용하여 적절한 알고리즘을 설계하여, 그것을 실제로 적절한 프로그래밍 언어를 사용하여 코딩을 하는 과정을 거쳐 의사결정을 한다. 따라서 우리는 컴퓨터가 이해하고 계산하는 방식을 이해해야 한다.

지금까지는 선형대수학과 관련하여 행렬과 벡터의 연산, 선형연립방정식의 가우스 소거법, 최소제곱문제 등의 원리를 학습하였다. 그러나 컴퓨터는 이를 실제로 구현하기 위해 **행렬 분해 기법**을 이용하여 해결한다. 이 절에서는 몇 가지 중요한 행렬 분해를 간단히 소개한다. https://youtu.be/0aCnKbrVyhQ

6.1 LU 분해 http://matrix.skku.ac.kr/math4ai-intro/W6/

정사각행렬 A를 다음과 같이

$$A=\begin{bmatrix} l_1 & 0 & 0 & 0 \\ * & l_2 & 0 & 0 \\ * & * & l_3 & 0 \\ * & * & * & l_4 \end{bmatrix}\begin{bmatrix} u_1 & * & * & * \\ 0 & u_2 & * & * \\ 0 & 0 & u_3 & * \\ 0 & 0 & 0 & u_4 \end{bmatrix}=LU$$

하나의 행렬 A를 하삼각행렬 L과 상삼각행렬 U의 곱 $A=LU$로 표현하는 것을 행렬의 LU **분해**(LU decomposition)라고 한다. LU 분해는 보통 선형연립방정식을 풀 때 많이 사용된다. 사실, 계수행렬이 삼각행렬인 경우, 해를 구하기 위한 계산에 이 경우 대입만 필요하므로 계산량이 훨씬 적기 때문이다. 즉,

$$b = Ax = \begin{bmatrix} l_1 & 0 & 0 & 0 \\ * & l_2 & 0 & 0 \\ * & * & l_3 & 0 \\ * & * & * & l_4 \end{bmatrix} \begin{bmatrix} u_1 & * & * & * \\ 0 & u_2 & * & * \\ 0 & 0 & u_3 & * \\ 0 & 0 & 0 & u_4 \end{bmatrix} = L\,U\mathrm{x} \equiv L\mathrm{y}$$

이면, $\mathrm{b} = L\mathrm{y}$ 를 먼저 쉽게 풀어 y 를 구한 후, $U\mathrm{x} = \mathrm{y}$ 를 풀어서 $\mathrm{b} = A\mathrm{x}$를 만족하는 x 를 구하면 된다. 참고로 계수행렬이 $n \times n$의 삼각행렬인 선형연립방정식을 해결하는 데 필요한 계산량은 대략 n^2임이 알려져 있다. 그리고 n차의 정사각행렬의 LU 분해를 계산하는 데는 약 $\frac{2}{3}n^3$의 계산량이 필요하다.

요약하면 $A = LU$ **(또는** $A = PLU$**,** P**는 치환행렬 이고** $P^T P = I$)로 분해하여, 선형연립방정식 $A\mathrm{x} = \mathrm{b}$ **(또는** $A'\mathrm{x} = \mathrm{b}'$**이고** $A' = LU$)를 다음과 같이 해결할 수 있다.

[단계 1] $A\mathrm{x} = \mathrm{b}$를 $LU\mathrm{x} = \mathrm{b}$로 쓰고 $L\mathrm{y} = \mathrm{b}$를 만족하는 y를 구한다.**(전진대입법)**

[단계 2] [단계 1]에서 구한 y를 이용해 $U\mathrm{x} = \mathrm{y}$를 만족하는 x를 구한다.**(후진대입법)**

예제 1 행렬 $A = \begin{bmatrix} 2 & 6 & 2 \\ -3 & -8 & 0 \\ 4 & 9 & 2 \end{bmatrix}$의 LU 분해를 계산하시오. (즉 $A = PLU$)

sage -------- http://matrix.skku.ac.kr/KOFAC/ --------

```
A = matrix([[2, 6, 2], [-3, -8, 0], [4, 9, 2]])
P, L, U = A.LU()      # LU-분해. A == P*L*U, **LU-분해는 유일하지 않다.
print(P)              # P는 치환행렬. 기본행 연산 과정에서 행을 바꿀 경우가 있음.
print()
print(L)              # L은 하삼각행렬
print()
print(U)              # U는 상삼각행렬
--------------------------------------------------------------------------
[0 1 0]               # 치환행렬 P
[0 0 1]
[1 0 0]
```

```
[   1    0    0]
[ 1/2    1    0]
[-3/4 -5/6    1]

[  4   9   2]
[  0 3/2   1]
[  0   0 7/3]
```
■

예제 2 $A\mathbf{x} = \begin{bmatrix} 2 & 1 & 1 \\ 4 & 1 & 0 \\ -2 & 2 & 1 \end{bmatrix} \begin{bmatrix} x_1 \\ x_2 \\ x_3 \end{bmatrix} = \begin{bmatrix} 1 \\ -2 \\ 7 \end{bmatrix} = \mathbf{b}$를 LU 분해를 이용하여 해결하시오.

sage -------- http://matrix.skku.ac.kr/KOFAC/ --------

```
A = matrix([[2, 1, 1], [4, 1, 0], [-2, 2, 1]])      # Ax = y
b = vector([1, -2, 7])      # PLUx = b
P, L, U = A.LU()            # LU-분해. A == P*L*U
y = L.solve_right(P.transpose()*b)  # Ly = P.transpose()*b, PLy=b
x = U.solve_right(y)        # Ux = y
print("x =", x)
print("x =", A.solve_right(b))  # 직접 연립방정식을 푼 해와 일치
------------------------------------------------------------------------
x = (-1, 2, 1)
x = (-1, 2, 1)
```
■

6.2 QR 분해

이제 **최소제곱문제를 해결할 때 많이 사용되는 QR 분해**에 대하여 살펴보자. $m \times n$ $(m \geq n)$의 행렬 A에 대하여 정규직교벡터들을 열로 하는 $m \times n$ 행렬 Q와 $n \times n$의 상삼각행렬 R의 곱 $A = QR$로 표현하는 것을 QR **분해**(QR decomposition)라고 한다. 여기서 정규직교벡터들이란 자신의 크기가 모두 1이면서 서로 다른 벡터들끼리는 내적이 0인 벡터들을 말한다. 따라서 Q는 $Q^T Q = I_n$을 만족한다.

$A = QR$가 주어졌을 때, 최소제곱문제 min $\| A\mathbf{x} - \mathbf{b} \|$는 다음과 같이 해결할 수

있다.

앞서 $\hat{\mathrm{x}} = (A^TA)^{-1}A^T\mathrm{b}$이 최소제곱문제의 해이므로 관계식

$$\begin{aligned} & \min \| A\mathrm{x} - \mathrm{b} \| & \Leftrightarrow\ & A^TA\mathrm{x} = A^T\mathrm{b} \\ \Leftrightarrow\ & (R^TQ^T)(QR)\mathrm{x} = R^TQ^T\mathrm{b} & \Leftrightarrow\ & R^TR\mathrm{x} = R^TQ^T\mathrm{b} \\ \Leftrightarrow\ & R\mathrm{x} = Q^T\mathrm{b} & & \end{aligned}$$

으로부터 $\hat{\mathrm{x}} = R^{-1}Q^T\mathrm{b}$ 임을 쉽게 알 수 있다.

예제 3 행렬 $A = \begin{bmatrix} 1 & 0 & 0 \\ 1 & 1 & 0 \\ 1 & 1 & 1 \end{bmatrix}$의 QR 분해를 구하시오.

참고 아래는 Sage가 제공하는 gram_schmidt() 함수를 일부 수정하여 좀 더 직관적으로 그 과정을 확인하도록, gs_orth() 함수 코드를 만들어 QR 분해를 확인하였다. (자주 사용하는 함수는 함수 코드를 만들어 활용한다.)

Sage -------- http://matrix.skku.ac.kr/KOFAC/ --------

```
# Sage의 gram_schmidt() 함수를 보완하여  gs_orth()을 만들었음
def gs_orth(A):  # 함수 정의

        m, n = A.nrows(), A.ncols()  # 행렬의 크기
        r = A.rank()  # 행렬의 rank

        if m < n:  # 행렬의 크기 확인
                raise ValueError("The number of rows must be larger than the number of columns.")

        elif r < n:  # full column rank인지 확인

                raise ValueError("The matrix is not full column rank.")
```

```
    [G, mu] = A.transpose().gram_schmidt()    # gram_schmidt 함수 활용
    # Q의 transpose
    Q1 = matrix([G.row(i) / G.row(i).norm() for i in range(0, n)])
    R1 = Q1*A
    Q = simplify(Q1.transpose())  # 정규직교기저로 만들어진 행렬
    R = simplify(R1)              # 상삼각행렬

    return Q, R

A = matrix([[1, 0, 0], [1, 1, 0], [1, 1, 1]])  # 행렬 입력
Q, R = gs_orth(A)  # QR 분해
print("Q =")
print(Q)
print()
print("R =")
print(R)
print()
print("Q*R =")
print(Q*R)
------------------------------------------------------------------------
Q =
[           1/3*sqrt(3) -1/3*sqrt(3)*sqrt(2)                      0]
[           1/3*sqrt(3)  1/6*sqrt(3)*sqrt(2)          -1/2*sqrt(2)]
[           1/3*sqrt(3)  1/6*sqrt(3)*sqrt(2)           1/2*sqrt(2)]

R =
[              sqrt(3)          2/3*sqrt(3)          1/3*sqrt(3)]
[                    0 1/3*sqrt(3)*sqrt(2) 1/6*sqrt(3)*sqrt(2)]
[                    0                    0          1/2*sqrt(2)]

Q*R =
[1 0 0]
[1 1 0]
[1 1 1]    # A = QR 임이 확인되었다.
```

■

예제 4 다음 문제의 최소제곱해 $\hat{\mathrm{x}} = R^{-1}Q^T\mathrm{b}$ 를 QR 분해를 이용하여 구하시오.

$$\begin{cases} x_1 + 3x_2 + 5x_3 = 2 \\ x_1 + x_2 = 3 \\ x_1 + x_2 + 2x_3 = -1 \\ x_1 + 3x_2 + 3x_3 = 2 \end{cases}$$

Sage -------- http://matrix.skku.ac.kr/KOFAC/ --------

```
# Sage의 gram_schmidt() 함수를 보완하여  gs_orth()을 만들었음
def gs_orth(A):  # 함수 정의

    m, n = A.nrows(), A.ncols()  # 행렬의 크기
    r = A.rank()  # 행렬의 rank

    if m < n:  # 행렬의 크기 확인
        raise ValueError("The number of rows must be larger than the number of columns.")

    elif r < n:  # full column rank인지 확인

        raise ValueError("The matrix is not full column rank.")

    [G, mu] = A.transpose().gram_schmidt()   # gram_schmidt 함수 활용
    # Q의 transpose
    Q1 = matrix([G.row(i) / G.row(i).norm() for i in range(0, n)])
    R1 = Q1*A
    Q = simplify(Q1.transpose())  # 정규직교기저로 만들어진 행렬
    R = simplify(R1)               # 상삼각행렬

    return Q, R
```

```
A = matrix([[1, 3, 5], [1, 1, 0], [1, 1, 2], [1, 3, 3]])  # 계수 행렬 입력
b = vector([2, 3, -1, 2])  # 상수항 벡터 입력
Q, R = gs_orth(A)             # QR 분해
print("x =", R.solve_right(Q.transpose()*b))  # 최소제곱해  x̂ = R^-1 Q^T b
--------------------------------------------------------------------------
 x = (0, 2, -1)  # 최소제곱해     # (x1, x2, x3) = (0, 2, -1)
```

■

◪ 열린 문제 15 예제4와 같은 방법으로 다른 교재에서 찾은 선형연립방정식의 최소제곱해를 구하시오. (Hint: http://matrix.skku.ac.kr/2018-album/LS-QR-decom.html 활용)

[참고자료] 문제풀이 https://youtu.be/BC9qeR0JWis

6.3 SVD (특잇값 분해, Singular Value Decomposition)

마지막으로 선형대수학에서 가장 많이 응용되는 특잇값 분해(singular value decomposition, SVD)에 대하여 살펴보자. SVD는 **임의의 크기의 행렬에 대하여 모두 존재**하므로 특히 중요하다.

크기가 $m \times n$인 행렬 A에 대하여 **아래조건을 만족하는** $m \times m$ 직교행렬(orthogonal matrix) U와 $n \times n$ 직교행렬 V 및 $m \times n$ 대각선 행렬 Σ가 **존재한다.**

$$A = U\Sigma V^T = U \begin{bmatrix} \Sigma_1 & O \\ O & O \end{bmatrix} V^T$$

$$= [\mathbf{u}_1 \mathbf{u}_2 \cdots \mathbf{u}_k \mathbf{u}_{k+1} \cdots \mathbf{u}_m] \left[\begin{array}{cccc|ccc} \sigma_1 & & & 0 & 0 & \cdots & 0 \\ & \sigma_2 & & & 0 & \cdots & 0 \\ & & \ddots & & \vdots & & \vdots \\ 0 & & & \sigma_k & 0 & \cdots & 0 \\ \hline 0 & 0 & \cdots & 0 & 0 & \cdots & 0 \\ \vdots & \vdots & & \vdots & \vdots & & \vdots \\ 0 & 0 & \cdots & 0 & 0 & \cdots & 0 \end{array}\right] \begin{bmatrix} \mathbf{v}_1^T \\ \mathbf{v}_2^T \\ \vdots \\ \mathbf{v}_n^T \end{bmatrix}$$

여기서 직교행렬은 $U^TU = I_m = UU^T$, $V^TV = I_n = VV^T$을 의미하고, Σ_1은 주대각선성분이 모두 **특잇값**(singular value)**이라 불리는 단조감소 순서로 배열된 양수** $(\sigma_1 \geq \sigma_2 \geq \cdots \geq \sigma_k > 0)$인 가역 대각선행렬이고, O은 영행렬이다. 위의 행렬 Σ_1의 대각선성분인 특잇값 σ_i들에 대응하는 U의 열들을 A의 **좌 특이벡터**(left singular vector), V의 열들을 A의 **우 특이벡터**(right singular vector)라고 한다.

[즉, $A = U\Sigma V^T$ 에서 직교행렬 U 는 $AA^T = U(\Sigma\Sigma^T)U^T$ 를 만족하고, 직교행렬 V 는 $A^TA = V(\Sigma^T\Sigma)V^T$ 를 만족한다는 의미이다.]

예제 5 행렬 $A = \begin{bmatrix} \sqrt{3} & 2 \\ 0 & \sqrt{3} \end{bmatrix}$의 특잇값 분해(SVD)를 구하시오.

Sage -------- http://matrix.skku.ac.kr/KOFAC/ --------

```
A = matrix([[sqrt(3), 2], [0, sqrt(3)]])  # 행렬 입력
B = A.transpose()*A
eig = B.eigenvalues()
sv = [sqrt(i) for i in eig]
print(B.eigenvectors_right())
------------------------------------------------------------------------
[(9, [(1, sqrt(3))], 1), (1, [(1, -1/3*sqrt(3))], 1)]
```
■

Sage -------- http://matrix.skku.ac.kr/KOFAC/ --------

```
G = matrix([[1, sqrt(3)], [1, -1/3*sqrt(3)]])
```

```
Vh = matrix([1/G.row(j).norm()*G.row(j) for j in range(0,2)])    # V의 전치행렬
Vh = Vh.simplify()    # V의 전치행렬 표현
print(Vh.transpose())
print()
U = matrix([A*Vh.row(j)/sv[j] for j in range(0,2)]).transpose()    # U
print(U)                # U의 열들을 A의 left singular vector들
print()
S = diagonal_matrix(sv)
print(S)
print()
print(U*S*Vh)
------------------------------------------------------------------------
[          1/2 1/2*sqrt(3)]
[1/2*sqrt(3)          -1/2]          # V

[ 1/2*sqrt(3)          1/2]
[          1/2 -1/2*sqrt(3)]         # U

[3 0]
[0 1]                                # S

[sqrt(3)       2]
[      0 sqrt(3)]                    # A = UΣV^T
```
■

* 위의 예에서 보여준 수학적 알고리즘을 하나의 명령어로 간단하게 만든 아래의 코드로 더 쉽게 특잇값 분해를 할 수 있다. (SVD 명령어를 사용할 때에는 실수에서 연산을 한다는 의미로 행렬을 RDF에서 정의해 주어야 한다.)

예제 6 위의 예제에서 사용한 행렬 $A=\begin{bmatrix} \sqrt{3} & 2 \\ 0 & \sqrt{3} \end{bmatrix}$의 특잇값 분해(SVD)를 실수(RDF)에서 구하고 $A=U\Sigma V^T$임을 확인시오.

--------- http://matrix.skku.ac.kr/KOFAC/ ---------

```
A = matrix(RDF, [[sqrt(3), 2], [0, sqrt(3)]])  # 행렬 입력
U, S, V = A.SVD()  # A의 SVD.  A = U*S*V'
print("U = ")
print(U)
print()
print("S = ")
print(S)
print()
print("V = ")
print(V)
print()
print("A = USV^T = ")
print(U*S*V.transpose())
```

```
U =
[ 0.8660254037844387 -0.5000000000000001]
[ 0.5000000000000001  0.8660254037844387]

S =
[                3.0                0.0]
[                0.0 1.0000000000000002]

V =
[                0.5 -0.8660254037844387]
[ 0.8660254037844387                0.5]

A = USV^T =
[     1.7320508075688776                   2.0]
[-1.1102230246251565e-16    1.7320508075688779]
```
$A = U\Sigma V^T$ ■

◪ 열린 문제 16 예제 6과 같은 방법으로 다른 교재에서 찾은 행렬의 특잇값 분해(SVD)를 구하시오.

[Review] 특잇값 분해(SVD)는 고윳값 대신 **특잇값**(singular values)**을 이용하여 행렬을 대각화**[2])하는 한 방법이다. 특잇값 분해가 특히 유용한 이유는 행렬이 정사각 행렬이든 아니든 관계없이 모든 크기의 행렬에 대해 적용 가능하기 때문이다. 특잇값 분해는 활용도 측면에서 인공지능에 필요한 선형대수학의 내용 중 가장 중요하다. 더구나 특잇값 분해에 대하여 위에서 학습한 모든 내용은 실수 성분의 행렬만이 아니라, 복소수 성분의 행렬에 대하여도 모두 성립한다. **특잇값 분해를 이용하여 빅데이터 분석에서 주어진 거대한 크기의 행렬을 주요 성질을 보존하면서 인공지능이 쉽게 다룰 수 있는 원하는 적당한 크기의 행렬로 바꾸는 것이 가능하다는 것이 key 아이디어이다.**

◆ **행렬 분해에 대한 개념, 구체적인 유도 과정 및 응용 사례는 고등학교 수준을 넘는다. 고윳값과 행렬의 대각화에 대한 내용과 함께 궁금한 사항은 아래를 참고하시오.**

[선형대수학 교재] http://matrix.skku.ac.kr/LA-K/

[고윳값] http://matrix.skku.ac.kr/LA-K/Ch-4/

[행렬의 대각화] http://matrix.skku.ac.kr/LA-K/Ch-8/

[인공지능 수학 교재] http://matrix.skku.ac.kr/math4ai/Math4AI.pdf

[인공지능과 행렬] http://matrix.skku.ac.kr/math4ai/part1/

[LU 분해 도구] http://matrix.skku.ac.kr/LA-K/LU-decom.html

[QR 분해 도구] http://matrix.skku.ac.kr/LA-K/LS-QR-decom.html

[SVD 분해 도구] http://matrix.skku.ac.kr/LA-K/SVD.html

[SVD 이론] http://matrix.skku.ac.kr/knou-knowls/cla-week-12-sec-8-6.html

[SVD 분해 동영상 강의] http://youtu.be/7-qG-A8nXmo

---

2) 행렬의 대각화 http://matrix.skku.ac.kr/2018-album/LA-Sec-8-2-lab.html

STRONG KOREA Forum 2020

https://youtu.be/R0KGx_npa8o(동영상)

과제

열린 문제 1 다른 교재에서 찾은 몇 가지 다항함수의 개형을 그리시오.

[Hint : plot (-x^9 -5*x^4 -130*x^3 -53*x^2 +542*x +3 , (x, -10, 10))]

열린 문제 2 $y = x\sin\frac{1}{x}$ 그래프의 개형을 그리시오.

열린 문제 3 앞에서 배운 함수들 중 학습한 함수의 합성함수를 만들고, 그래프를 그리시오.

열린 문제 4 다음 학생들의 문제풀이를 참고하여 다양한 방정식의 (근사)해를 구하시오.

http://matrix.skku.ac.kr/math4ai/PBL-Record/ http://matrix.skku.ac.kr/2020-Math4AI-PBL/ http://matrix.skku.ac.kr/KOFAC/ 에서 실습하시오.

열린 문제 5 행렬에 대해 학습한 다른 교재의 행렬 연산을 시행해 보시오.

http://matrix.skku.ac.kr/KOFAC/ 에서 실습하시오.

열린 문제 6 인터넷이나 다른 교재에서 5차 (이상) 행렬을 찾아서, 전치행렬과 역행렬이 존재하는지를 확인하고, 존재하면 찾아보시오.

열린 문제 7 거리 척도를 사용하여 유사도를 계산할 수 있는 데이터의 종류에는 어떤 것이 있는지 생각해보시오.

열린 문제 8 위의 거리 척도로 유사도를 판단하기가 용이하지 않은 데이터의 경우에 유사도를 판단하는 데 사용이 가능한 다른 척도는 무엇이 있을지 생각해보시오. (Hint: 방향이 같은 데이터/벡터들의 경우)

열린 문제 9 두 개의 7차원 벡터(데이터) 사이의 거리(distance)를 직접 구하시오. (Hint: (거리를 활용한) 데이터의 유사도 〈실습실〉 활용)

http://matrix.skku.ac.kr/math4AI-tools/distance_similarity/

열린 문제 10 어떤 데이터들이 코사인 유사도를 사용하여 분석 가능할지 생각해보시오.

열린 문제 11 두 개의 5차원 데이터(벡터) 사이의 내적과 사잇각 θ $(0 \leq \theta \leq \pi)$를 구하시오. (Hint: (사잇각을 활용한) 데이터의 유사도 〈실습실〉 활용)

http://matrix.skku.ac.kr/math4AI-tools/cosine_similarity

◪ 열린 문제 12 다른 교재의 선형 연립방적식의 해를 위의 명령어로 구하시오.

(Hint: http://matrix.skku.ac.kr/2018-album/LA-Sec-3-5-lab.html 실습 활용)

◪ 열린 문제 13 주어진 선형연립방정식이 유일해를 갖는지, 무수히 많은 해를 갖는지, 해가 존재하지 않는지를 판단하는 것은 첨가행렬 $[A : \mathbf{b}]$의 RREE를 구하여 이것만 자세히 보면 바로 판단이 가능한 이유를 설명하시오.

◪ 열린 문제 14 앞서 구한 방법으로 $\mathbb{R}^2$ 평면의 6개의 점에 (best fit 하는) 3차의 최소제곱곡선 $y = a + bx + cx^2 + dx^3$을 구할 수 있음에 대하여 토론하시오.

◪ 열린 문제 15 예제 4와 같은 방법으로 다른 교재에서 찾은 선형연립방정식의 최소제곱해를 구하시오.

(Hint: http://matrix.skku.ac.kr/2018-album/LS-QR-decom.html 활용)

◪ 열린 문제 16 예제 6과 같은 방법으로 다른 교재에서 찾은 행렬의 특잇값 분해(SVD)를 구하시오.

III

인공지능과 미분(최적해)

*** 미적분학의 개념** http://matrix.skku.ac.kr/Calculus-Story/index.htm

근사해를 구하는 것과 최적해(optimal solution)를 구하는 것은 관련성이 있다. 최적해는 어떤 집합에서 정의된 함수가 최댓값이나 최솟값을 갖게 하는 해이다. 최적해를 구하는 문제는 도함수의 일반화된 개념과 연산들을 포함한다.

7 극한과 도함수 http://matrix.skku.ac.kr/math4ai-intro/W7/

7.1 함수의 극한(limit)

다음 질문을 생각해보자!

'x가 1에 **한없이** 가까이 갈 때 $f(x)=\dfrac{x^2-1}{x-1}$의 값은 어떻게 될까?'

함수 $f(x)=\dfrac{x^2-1}{x-1}$은 $x=1$에서 분모가 0이 되므로 함숫값이 정의되지 않는다. 그러나 $x \neq 1$일 때,

$$f(x)=\frac{x^2-1}{x-1}=\frac{(x+1)(x-1)}{x-1}=x+1$$

이므로 함수 $f(x)$의 그래프는 오른쪽 그림과 같이 x의 값이 1이 아니면서 1에 한없이 가까워질 때, $f(x)$의 값은 2에 한없이 가까워짐을 알 수 있다. 즉,

$$\lim_{x\to 1}\frac{x^2-1}{x-1}=2$$

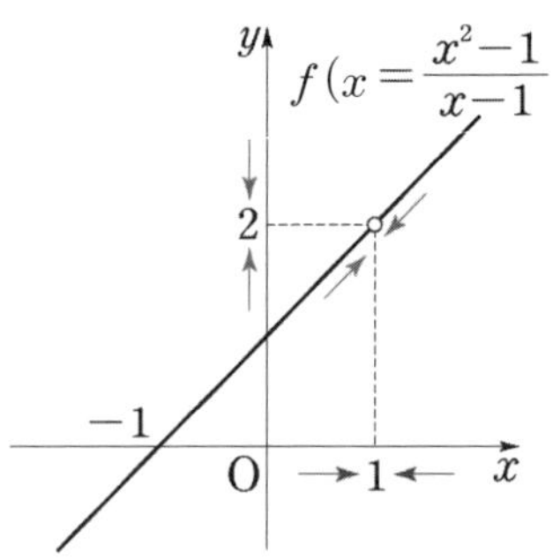

이때, 코딩을 이용하여 $f(x)=\dfrac{x^2-1}{x-1}$의 극한을 직접 확인할 수 있는데, 식으로 계산하거나 그래프 그리기 활동을 코딩으로 쉽고 간단하게 예측하고 그 값을 구할 수 있으며 이후 다양한 함수로 확장도 가능하다.

다음은 Sage를 이용하여 함수 $f(x)=\dfrac{x^2-1}{x-1}$의 $x=1$ 근처에서 함숫값 $f(x)$를 계산하고 그래프를 그린 것이다.

Sage $f(x)=\dfrac{x^2-1}{x-1}$ ------ http://matrix.skku.ac.kr/KOFAC/ -------

```
f(x) = (x^2 - 1)/(x - 1)  # 함수 정의
show(plot(f(x), (x, -0.5, 1.5), ymin = -1, ymax = 2.5, detect_poles = 'show', exclude=[1])) # 함수 그래프,  x=1에서 극한값 그래프를 확인하기 위해 범위 (x, -0.5, 1.5), ymin = -1, ymax = 2.5 로 선택
n = 10
for i in range(1, n):   # 1보다 크면서 1에 가까이 있는 x값에 대해서 f(x) 계산
    s = (1 + 1/(10^i)).n()
    print("x =", s, "f(x) =", f(s).n())
print()  # 한 줄 비우기
for i in range(1, n):   # 1보다 작으면서 1에 가까이 있는 x값에 대해서 f(x) 계산
    s = (1 - 1/(10^(n - i))).n()
    print("x =", s, "f(x) =", f(s).n())
```

```
x = 1.10000000000000 f(x) = 2.10000000000000
x = 1.01000000000000 f(x) = 2.01000000000000
x = 1.00100000000000 f(x) = 2.00099999999992
x = 1.00010000000000 f(x) = 2.00009999999939
x = 1.00001000000000 f(x) = 2.00001000000083
x = 1.00000100000000 f(x) = 2.00000100008890
x = 1.00000010000000 f(x) = 2.00000009992007
x = 1.00000001000000 f(x) = 2.00000000000000
x = 1.00000000100000 f(x) = 2.00000000000000

x = 0.999999999000000 f(x) = 2.00000000000000
x = 0.999999990000000 f(x) = 1.99999998889777
x = 0.999999900000000 f(x) = 1.99999990007993
x = 0.999999000000000 f(x) = 1.99999900002212
x = 0.999990000000000 f(x) = 1.99998999999917
x = 0.999900000000000 f(x) = 1.99989999999950
```

```
x = 0.999000000000000 f(x) = 1.99899999999997
x = 0.990000000000000 f(x) = 1.99000000000000
x = 0.900000000000000 f(x) = 1.90000000000000
```
■

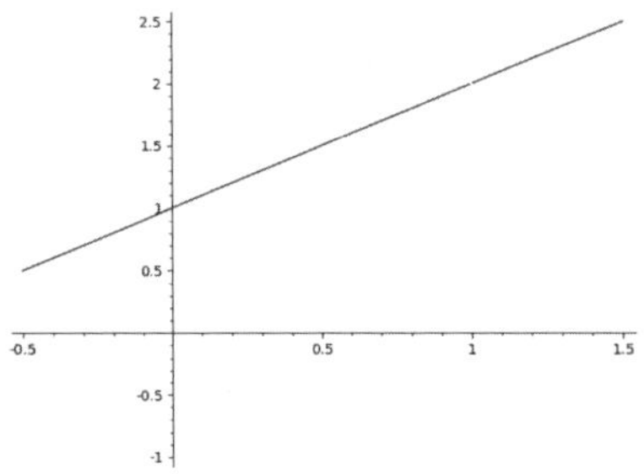
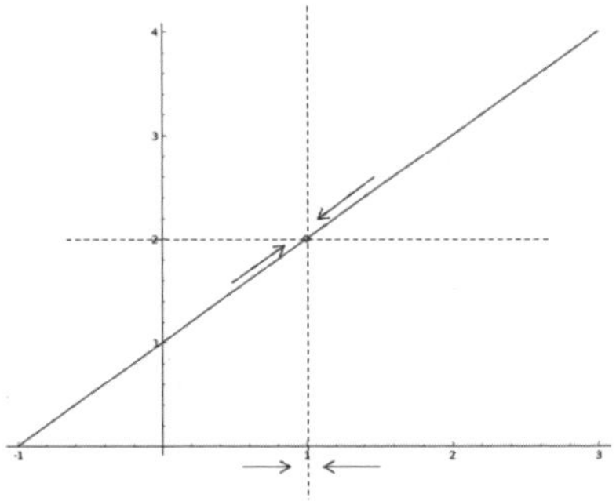

Sage**를 이용하여** 직관적으로 x가 1에 가까이 갈 때 $f(x)$는 2에 가까이 감을 확인하고 예측할 수 있다. 또한 위 예시의 극한을 Sage **명령어 limit 를 이용하여** 계산하면 다음과 같다.

Sage -------- http://matrix.skku.ac.kr/KOFAC/ --------

```
limit((x^2 - 1)/(x - 1), x = 1)  # limit(f(x), x = a)
```

답: 2 ■

따라서, 함수 $f(x)=\dfrac{x^2-1}{x-1}$**는** x**의 값이 1이 아니면서 1에 한없이 가까이 갈 때, 2에 가까워진다.** 이를

$$x \to 1\text{일 때 } \frac{x^2-1}{x-1} \to 2 \text{ 또는 } \lim_{x\to 1}\frac{x^2-1}{x-1}=2$$

와 같이 나타낸다.

이와 같이 x가 a에 가까이 갈 때 $f(x)$는 b에 가까워지면, "$f(x)$는 b에 **수렴**한다"고 하고 $\lim_{x\to a} f(x)=b$로 표기한다. 이때 b를 $f(x)$의 **극한**(limit)이라고 부른다. 수렴하지 않으면 **발산**한다고 한다.

이제 앞서 계산한 함수 $f(x)=\dfrac{x^2-1}{x-1}$를 다양하게 바꿔보고 그 극한값을 구해볼 수 있다. 아래의 예에서, $\lim_{x\to 0}\dfrac{1}{x^2}$가 $x=0$ 근처에서 발산함을 그래프를 그려서 확인할 수 있다.

sage -------- http://matrix.skku.ac.kr/KOFAC/ --------

```
f(x) = (1)/(x^2)  # 함수 정의
show(plot(f(x), (x, -5, 5), ymin = -2, ymax = 2, detect_poles = 'show'))
n = 10
for i in range(1, n):    # 1보다 크면서 1에 가까이 있는 x값에 대해서 f(x)계산
    s = (0 + 1/(10^i)).n()
    print("x =", s, "f(x) =", f(s).n())
print()  # 한 줄 비우기
for i in range(1, n):    # 1보다 작으면서 1에 가까이 있는 x값에 대해서 f(x)계산
    s = (0 - 1/(10^(n - i))).n()
    print("x =", s, "f(x) =", f(s).n())
```

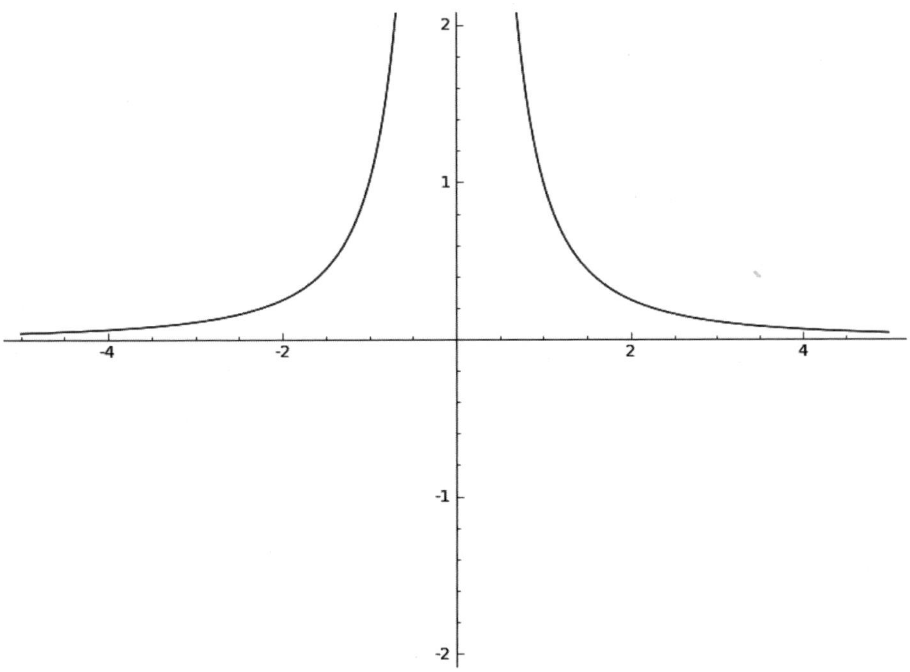

```
x = 0.100000000000000 f(x) = 100.000000000000
x = 0.0100000000000000 f(x) = 10000.0000000000
x = 0.00100000000000000 f(x) = 1.00000000000000e6
x = 0.000100000000000000 f(x) = 1.00000000000000e8
x = 0.0000100000000000000 f(x) = 1.00000000000000e10
x = 1.00000000000000e-6 f(x) = 1.00000000000000e12
x = 1.00000000000000e-7 f(x) = 1.00000000000000e14
x = 1.00000000000000e-8 f(x) = 1.00000000000000e16
x = 1.00000000000000e-9 f(x) = 1.00000000000000e18

x = -1.00000000000000e-9 f(x) = 1.00000000000000e18
x = -1.00000000000000e-8 f(x) = 1.00000000000000e16
x = -1.00000000000000e-7 f(x) = 1.00000000000000e14
x = -1.00000000000000e-6 f(x) = 1.00000000000000e12
x = -0.0000100000000000000 f(x) = 1.00000000000000e10
x = -0.000100000000000000 f(x) = 1.00000000000000e8
x = -0.00100000000000000 f(x) = 1.00000000000000e6
x = -0.0100000000000000 f(x) = 10000.0000000000
x = -0.100000000000000 f(x) = 100.000000000000
```
■

> **참고** 위에 제시된 극한의 정의는 고등학교에서 배우는 직관적인 것으로, 극한의 엄밀한 정의는 고등학교 수준을 넘는다. 자세한 사항은 아래 주소 2장의 정의 7 Epsilon-Delta 정의를 참고하시오. **http://matrix.skku.ac.kr/Cal-Book1/Ch2/**

함수 $f(x)$의 우극한 $\lim\limits_{x \to a+} f(x) = M$ 과 좌극한 $\lim\limits_{x \to a-} f(x) = L$ 을 sage로 계산해본다.

예제 1 다음 극한(limit)을 구하시오.

$$\lim_{x \to 2} \frac{\sin x}{x+1} \text{ (극한)}, \quad \lim_{x \to 2^-} \frac{x^2-4}{|x-2|} \text{ (좌극한)}, \quad \lim_{x \to 2^+} \frac{x^2-4}{|x-2|} \text{ (우극한)}$$

-------- http://matrix.skku.ac.kr/KOFAC/ --------

```
g(x) = sin(x)/(x + 1)
show (g(x))
show(plot(g(x), (x, -2, 4), ymin = -5, ymax = 5, detect_poles = 'show'))
print(limit(g(x), x = 2))  # x = 2일 때 극한
```

$\frac{\sin x}{x+1}$

1/3*sin(2)

x = 2일 때 극한 $\frac{\sin 2}{2+1} = \frac{1}{3}\sin(2)$

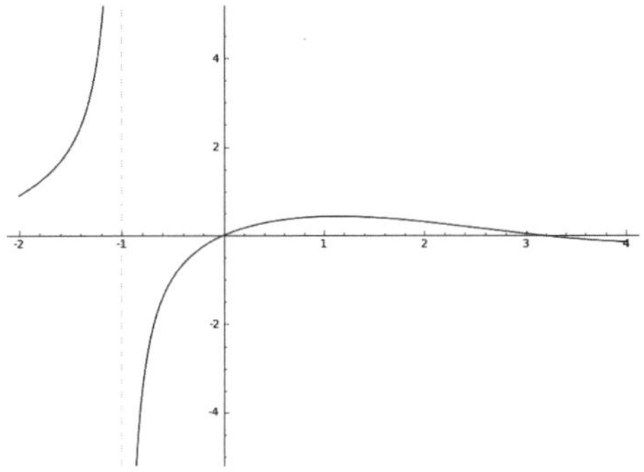

-------- http://matrix.skku.ac.kr/KOFAC/ --------

```
var ("x")
f(x)=(x^2-4)/abs(x-2)
show (f(x))
show ( plot(f(x), (x, -2, 4), ymin = -5, ymax = 5, exclude=[2]))
print(limit(f(x), x = 2, dir = '-'))  # x = 2일 때 좌극한
print(limit(f(x), x = 2, dir = '+'))  # x = 2일 때 우극한
```

$\frac{x^2-4}{|x-2|}$

-4 # x = 2일 때 좌극한
4 # x = 2일 때 우극한

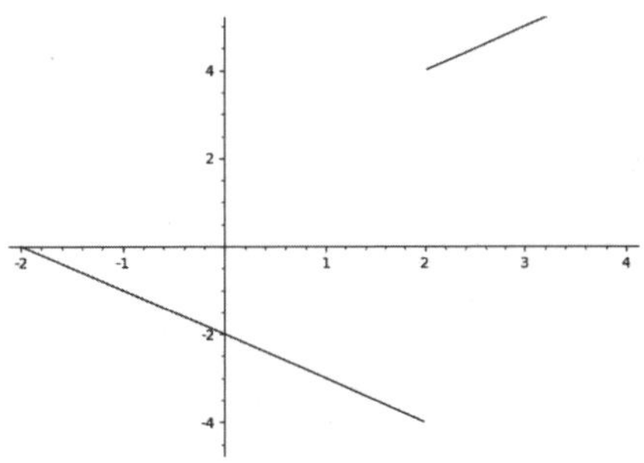

■

우극한 $\lim_{x \to a+} f(x)$와 좌극한 $\lim_{x \to a-} f(x)$가 모두 존재하고, 그 값이 같으면 $x = a$에서의 극한값이 존재한다고 한다.

예제 2 (1) $\lim_{x \to \frac{\pi}{2}} \frac{\sin x}{|\cos x|}$와 (2) $\lim_{x \to \frac{\pi}{4}} \frac{x^2}{\sin x}$을 구하시오.

풀이. $\lim_{x \to \frac{\pi}{2}} \frac{\sin x}{|\cos x|}$를 구하기 위해, 좌극한과 우극한을 구하여 비교한다.

$x > \frac{\pi}{2}$이면 $\cos x < 0$이므로, $\frac{\sin x}{|\cos x|} = -\frac{\sin x}{\cos x}$,

$x < \frac{\pi}{2}$이면 $\cos x > 0$이므로, $\frac{\sin x}{|\cos x|} = \frac{\sin x}{\cos x}$

이므로 $f(x) = \frac{\sin x}{|\cos x|}$의 그래프는 오른쪽 그림과 같다.

따라서 $\lim_{x \to \frac{\pi}{2}} \frac{\sin x}{|\cos x|} = \infty$로 양의 무한대로 발산한다.

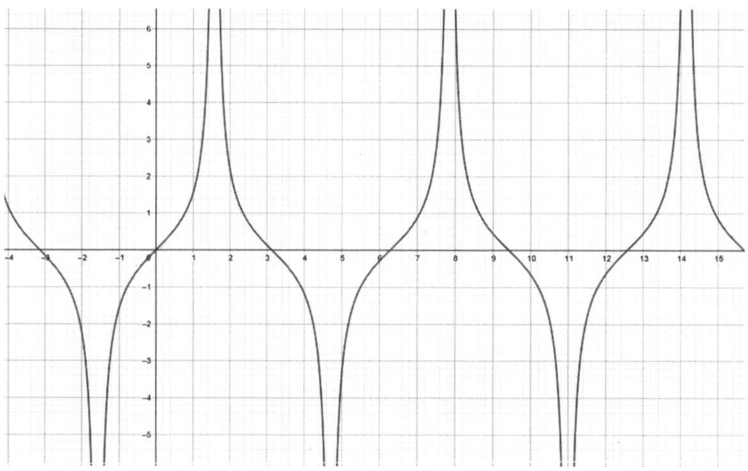

Sage -------- http://matrix.skku.ac.kr/KOFAC/ --------

```
f(x) = sin(x)/abs(cos(x))
show(plot(f(x), (x, -2, 4), ymin = -5, ymax = 5, detect_poles = 'show'))
print(limit(f(x), x = pi/2))  # x = pi/2일 때 극한

g(x) = x^2/sin(x)
show (g(x))
show(plot(g(x), (x, -2, 4), ymin = -5, ymax = 5, detect_poles = 'show'))
print(limit(g(x), x = pi/4))  # x = pi/4일 때 극한
```
----

(1)

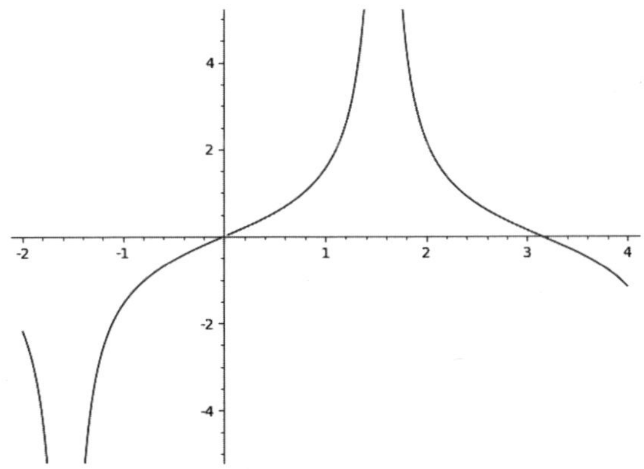

+Infinity # x = pi/2, x = pi/4일 때 극한이 존재하지 않음. 발산(diverge)한다.

(2)

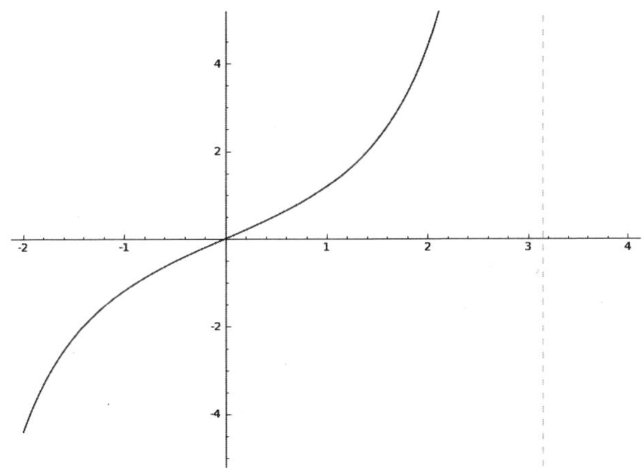

1/16*sqrt(2)*pi^2 # 극한 $\frac{1}{16}\sqrt{2}\pi^2$ 이 존재한다. 수렴(converge)한다. ■

* 함수의 극한에서는 $x=a$일 때 $f(x)$ 값의 존재여부가 중요하지 않다. 즉 $f(a)$가 존재하지 않아도 극한 $\lim_{x\to a} f(x)$은 정의될 수 있다. 만일 $f(a)$가 정의되고 $\lim_{x\to a} f(x)=f(a)$이면 $f(x)$는 $x=a$에서 **연속**(continuous)이라고 한다.

7.2 도함수(derivative)와 미분(differentiation)

다음 질문을 생각해보자!

점 $P(1,\ 1)$에서 포물선 $y=x^2$에 대한 접선의 방정식을 구하시오.

함수 $f(x)$ 위의 점 $P(x_0, f(x_0))$에서 접선의 기울기가 m임을 알면 다음 공식에 의해 접선의 방정식을 쉽게 구할 수 있다.

$$y-f(x_0)=m(x-x_0)$$

우선, 포물선 $y=x^2$ 위의 점 $P(1,\ 1)$ 근처에서 한 점 $Q(x, x^2)$를 선택하여 할선 PQ의 기울기를 계산하자.

$$m_{\sec}=\frac{x^2-1}{x-1}=\frac{f(x)-f(1)}{x-1}$$

이제 점 Q를 점 P로 이동함에 따라 할선 PQ는 접선에 가까워짐을 볼 수 있다. 따라서 접선의 기울기는 할선 PQ의 기울기의 Q가 P에 수렴할 때의 극한으로 정의하는 것이 타당하다.

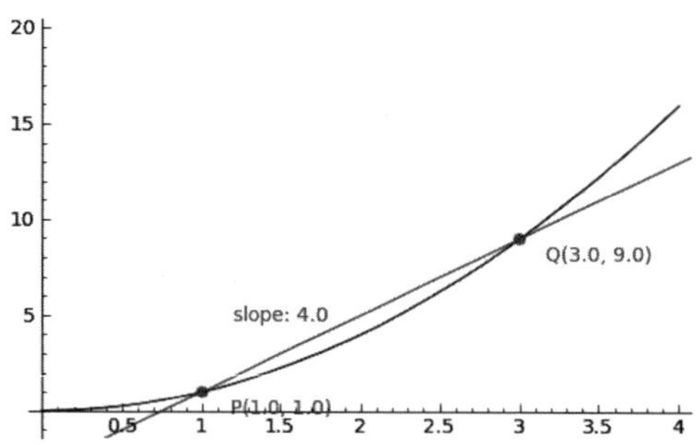

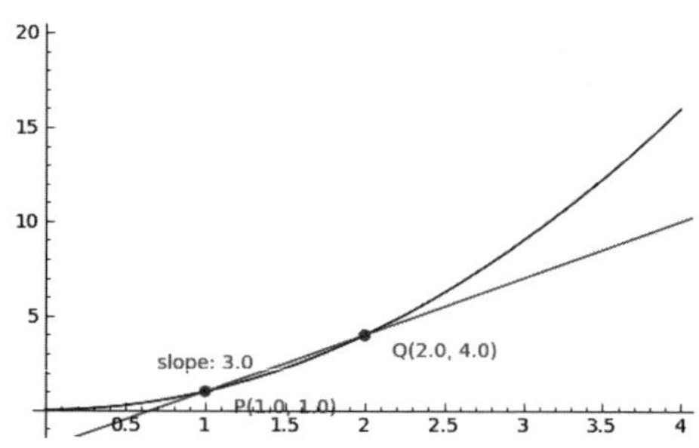

즉, $m_{\tan}=\lim_{x\to1}\frac{f(x)-f(1)}{x-1}=\lim_{x\to1}\frac{x^2-1}{x-1}=\lim_{x\to1}\frac{(x-1)(x+1)}{x-1}=\lim_{x\to1}(x+1)=1+1=2$

이다. 따라서 포물선 $y=x^2$ 위의 점 $P(1,\ 1)$에서의 접선의 방정식은 다음과 같다.

$$y-1=2(x-1),\ 즉,\ y=2x-1$$

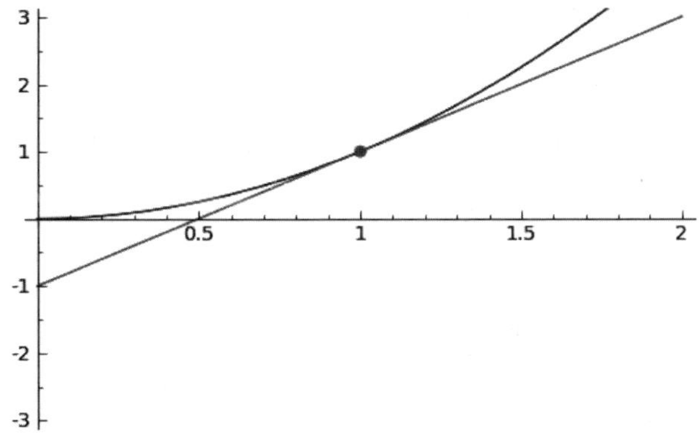

함수 f의 정의역 내에 속하는 점 a에 대하여, 극한값

$$\lim_{x \to a} \frac{f(x)-f(a)}{x-a} = \lim_{h \to 0} \frac{f(a+h)-f(a)}{h}$$

이 존재하면 함수 f는 $x=a$에서 미분가능(differentiable)하다고 하고, 이 극한값을 $x=a$에서의 함수 f의 **미분계수**(differential coefficient)라 하며 $f'(a)$로 나타낸다.

앞서 언급한 접선을 생각하면 미분계수는 접선의 기울기를 나타낸다.

따라서 $(x_0, f(x_0))$에서의 접선의 방정식은 다음과 같이 쓸 수 있다.

$$y-f(x_0)=f'(x_0)(x-x_0)$$

$f(x)$는 $x=a$에서 미분가능이면 $x=a$에서 연속이다 (그러나 역은 성립하지 않는다). 즉 $f(x)$가 $x=a$에서 연속이라도 반드시 미분가능인 것은 아니다. 다음 그림을 참조하자.

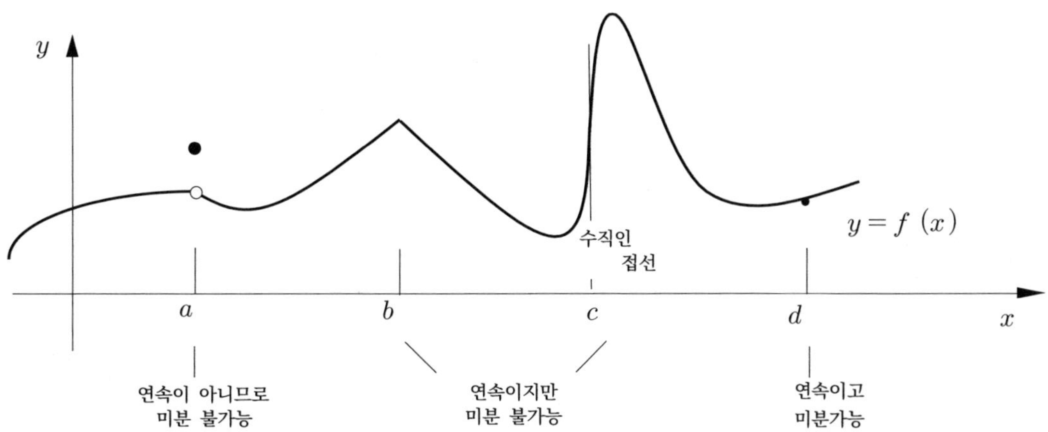

$y=f(x)$가 어떤 구간의 각 점 x에서 미분가능일 때 $f(x)$는 이 구간에서 **미분가능**이라고 한다. 이 경우 각 점 x에 그 점에서의 미분계수를 대응시킴으로써 정해지는 함수를 $f(x)$의 **도함수**(derivative)라 하고 다음 기호들로 나타낸다.

$$f'(x),\ y',\ \frac{dy}{dx},\ \frac{d}{dx}f(x),\ Dy$$

함수 $f(x)$의 도함수를 구하는 것을 $f(x)$를 **미분한다**(differentiate)고 하고, 함수 $y=f(x)$의 도함수는 식 $f'(x)=\lim_{h\to 0}\frac{f(x+h)-f(x)}{h}$ 으로 구한다. 따라서 어떤 함수를 미분하여 얻은 그 함수가 도함수이고, 거기에 변수의 값을 대입하면 그 점에서의 미분계수가 나오는 것이다.

함수 $y=f(x)$의 도함수 $y'=f'(x)$가 다시 미분가능이면 그 도함수$(y')'$를 $y=f(x)$의 2계 도함수(2nd derivative)라 하고, y'', $f''(x)$, $\frac{d^2y}{dx^2}$등으로 나타낸다. 2계 도함수가 또 다시 미분가능이면 3계 도함수(3rd derivative)를 생각할 수 있게 된다. 이와 같이 $y=f(x)$를 계속하여 n번 미분하면 n계 도함수가 정의되며, **n계 도함수**(n-th derivative)는 다음 기호들로 나타낸다.

$$y^{(n)},\ f^{(n)}(x),\ \frac{d^ny}{dx^n}$$

$f^{(n)}(x)$가 존재하는 경우 $f(x)$는 **n번 미분가능**하다고 한다. 미분계수의 응용인 속도와 가속도는 각각 거리를 나타내는 함수의 1계 도함수와 2계 도함수의 예이다.

◆ 미분에 관하여 다음이 성립한다.

① $(cf(x))'=cf'(x)$

② $(f(x)\pm g(x))'=f'(x)\pm g'(x)$

③ $(f(x)g(x))'=f'(x)g(x)+f(x)g'(x)$

④ $\left(\frac{f(x)}{g(x)}\right)'=\frac{f'(x)g(x)-f(x)g'(x)}{\{g(x)\}^2}$, 단 $g(x)\neq 0$.

참고 그 밖에 여러 가지 미분 공식에 관한 자세한 내용은 아래에 있다.

http://matrix.skku.ac.kr/Cal-Book1/Ch3/

예제 3 $y = x^2 + 4e^x$의 도함수(derivative)와 2계 도함수 y'', 3계 도함수 y'''를 구하시오.

풀이. $y' = 2x + 4e^x$, $y'' = 2 + 4e^x$, $y''' = 4e^x$

Sage -------- http://matrix.skku.ac.kr/KOFAC/ --------

```
f(x) = x^2 + 4*e^x
print(diff(f(x), x))    # dy/dx
print(diff(f(x), x, 2))  # 2계도함수
print(diff(f(x), x, 3))  # 3계도함수
-----------------------------------------------------------------
2*x + 4*e^x        # dy/dx, 도함수
4*e^x + 2          # 2계도함수
4*e^x              # 3계도함수
```

■

예제 4 $y = \sin x^3 + 4e^{x^2}$의 도함수(derivative)와 2계 도함수 y''를 구하시오.

풀이. 합성함수의 미분법과 곱의 미분법을 이용하면

$$y' = \cos x^3 (3x^2) + 4e^{x^2}(2x) = 3x^2\cos x^3 + 8xe^{x^2}$$

$$y'' = (6x) \times \cos x^3 + 3x^2 \times (-\sin x^3) \times (3x^2) + (8) \times e^{x^2} + (8x) \times e^{x^2}(2x)$$

$$= 6x\cos x^3 - 9x^4 \sin x^3 + 8e^{x^2} + 16x^2 e^{x^2}$$ 이다.

아래 Sage 명령어도 같은 답을 준다.

Sage -------- http://matrix.skku.ac.kr/KOFAC/ --------

```
f(x) = sin(x^3) + 4*(e^(x^2))
print(diff(f(x), x))    # dy/dx
print(diff(f(x), x, 2))  # 2계도함수
-----------------------------------------------------------------
```

```
3*x^2*cos(x^3) + 8*x*e^(x^2)                                      # dy/dx, 도함수
6*x*cos(x^3) -9*x^4*sin(x^3) + 8*e^(x^2) + 16*x^2*e^(x^2) # 2계도함수
```
■

예제 5 곡선 $y=x^2+\sqrt{x}$ 위의 점 (4, 18)에서의 접선의 방정식을 구하시오.

풀이. 함수 $f(x)=x^2+\sqrt{x}$의 그래프 위의 점 $(4, 18)$에서의 접선의 방정식은

$f'(x)=2x+\dfrac{1}{2\sqrt{x}}$에서 $f'(4)=\dfrac{33}{4}$이므로

$$y-18=\frac{33}{4}(x-4) \text{ 즉, } y=\frac{33}{4}x-15$$

이다. 아래 Sage 명령어도 같은 답을 준다.

Sage -------- http://matrix.skku.ac.kr/KOFAC/ --------

```
f(x) = x^2 + sqrt(x)
x0 = 4
df(x) = diff(f(x), x)     # 도함수 구하기
print("접선의 방정식 :  y =", f(x0) + df(x0)*(x - x0))
p1 = plot(f(x), (x, 0, 10))    # 함수 f(x) 그리기
p2 = plot(f(x0) + df(x0)*(x - x0), (x, 0, 10), color = 'red')    # 접선 그리기
p1 + p2    # 함수 f(x)와 접선을 동시에 보여주기
```

접선의 방정식: y = 33/4*x - 15   # $y=f(a)+f'(a)(x-a)=-15+\dfrac{33}{4}x$ ■

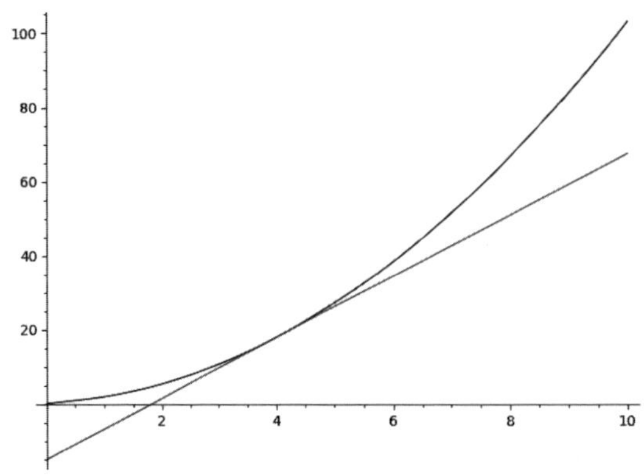

◪ 열린 문제 1 다른 교재에서 찾은 (연속) 미분가능한 함수의 3계 도함수(3rd derivative)를 구하시오.

[참고자료]

[함수의 극한과 연속] http://matrix.skku.ac.kr/Cal-Book1/Ch2/

[문제풀이] http://matrix.skku.ac.kr/Cal-Book/part1/CS-Sec-2-1-Sol.html

[도함수] http://youtu.be/A-vDsF9ulTs

[미분] http://matrix.skku.ac.kr/Cal-Book1/Ch3/

[문제풀이] http://matrix.skku.ac.kr/Cal-Book/part1/CS-Sec-3-1-Sol.html

[명령어 모음] http://matrix.skku.ac.kr/Lab-Book/Sage-Lab-Manual-1.htm

[강의동영상] http://matrix.skku.ac.kr/2019-album/

[미적분학 교재] http://matrix.skku.ac.kr/Cal-Book1/

[연습문제와 풀이] http://matrix.skku.ac.kr/Cal-Book/

1. 일변수함수와 미적분 http://matrix.skku.ac.kr/PBL/
2. 다변수함수와 미적분 http://matrix.skku.ac.kr/PBL2/

8 극대, 극소, 최대, 최소 http://matrix.skku.ac.kr/math4ai-intro/W8/

8.1 도함수의 응용

함수 f가 구간 I에서 정의되어 있을 때, I 내의 $x_1 < x_2$인 임의의 두 점 x_1, x_2에 대하여 $f(x_1) < f(x_2)$를 만족하면 f는 구간 I에서 **증가**(increasing)한다고 하며, $x_1 < x_2$인 I내의 임의의 두 점 x_1, x_2에 대하여 $f(x_1) > f(x_2)$를 만족하면 f는 구간 I에서 **감소**(decreasing)한다고 한다.

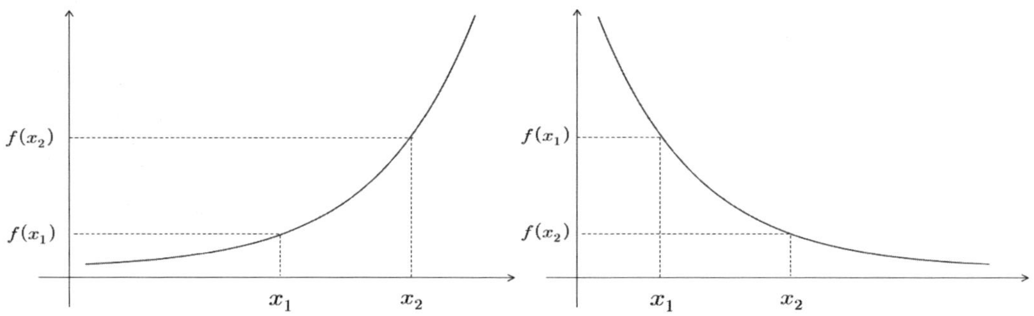

〈증가한다〉 〈감소한다〉

도함수는 다음과 같이 함수가 증가하거나 감소하는 상황을 알려준다. 함수 f가 폐구간 $[a, b]$에서 연속이고 개구간 (a, b)에서 미분가능하다고 하자. 그러면 다음이 성립한다.

① 구간 (a, b)내의 모든 점에서 $f'(x) > 0$이면, f는 $[a, b]$에서 증가한다.

② 구간 (a, b)내의 모든 점에서 $f'(x) < 0$이면, f는 $[a, b]$에서 감소한다.

예를 들어, $f'(c) > 0$이면 $x = c$에서의 접선의 기울기가 양수이므로, $x = c$의 근방에서는 함수가 증가함을 알 수 있다. 마찬가지로 $f'(c) < 0$이면 $x = c$의 근방에서는 함수가 감소함을 알 수 있다.

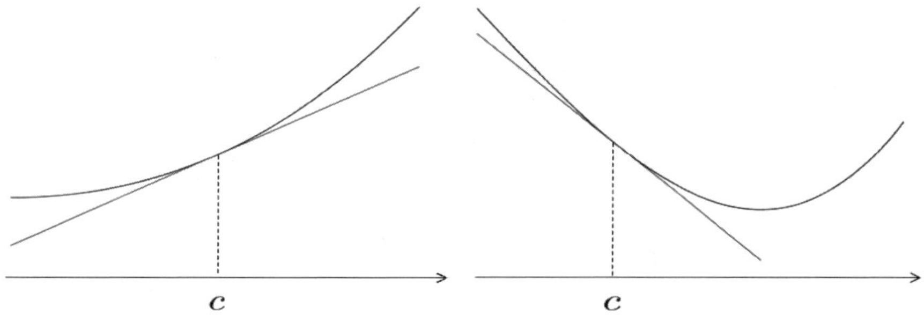

예제 1 함수 $f(x)=x^3-6x^2+9x+1$이 증가하는 구간과 감소하는 구간을 구하시오.

Sage -------- http://matrix.skku.ac.kr/KOFAC/ --------

```
f(x) = x^3 - 6*x^2 + 9*x + 1
df(x) = diff ( f(x), x )
p = plot( f(x), (x, -1, 4), ymin = -5 )  # 함수의 그래프
show ( p )
print ( "f'(x) = ", df(x) )  # 도함수
solve ( df(x) > 0, x )     # 도함수가 0보다 크게 되는 x값의 범위
```

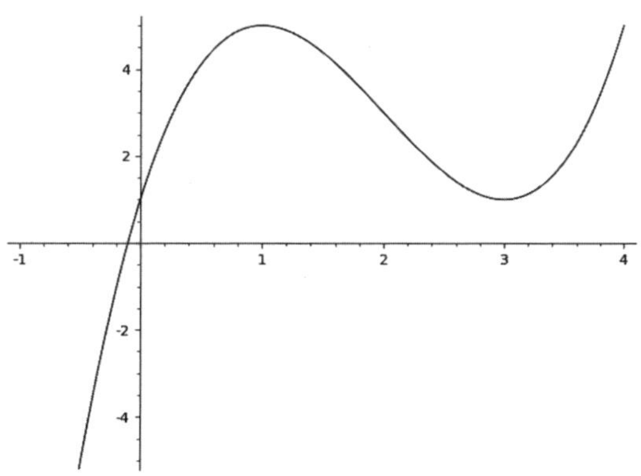


```
f'(x) =  3*x^2 - 12*x + 9
 [[x < 1], [x > 3]]
```

따라서 함수는 $x<1$ 또는 $x>3$일 때 증가, $1<x<3$일 때 감소한다. 즉, **증가하는 구간** : (-infinity, 1) & (3, +infinity), **감소하는 구간** : (1, 3). ■

8.2 2계 도함수의 응용

함수 f가 $x=c$에서 미분가능하고 $(c, f(c))$가 곡선 $y=f(x)$ 위의 점이라 할 때, 점 c를 포함하는 적당한 개구간 I가 존재하여 $x \neq c$인 구간 I의 각 점 x에 대응하는 곡선 위의 모든 점 $(x, f(x))$가 점 $(c, f(c))$에서의 곡선의 접선 아래쪽에 있으면 곡선 $y=f(x)$는 점 c**를 포함하는 적당한 개구간** I**에서 위로 볼록 또는 아래로 오목**하다고 하고, 반대로 접선의 위쪽에 있으면 **아래로 볼록** (또는 **위로 오목)**하다고 한다.

또, 곡선 $y=f(x)$가 점 $x=c$에서 연속일 때 ($f'(c)$는 존재하지 않아도 무방함), 곡선 위의 점 $(c, f(c))$를 경계로 한쪽에서는 위로 볼록하고 다른 쪽에서는 아래로 볼록할 때, $(c, f(c))$를 곡선 $y=f(x)$의 **변곡점**이라 한다.

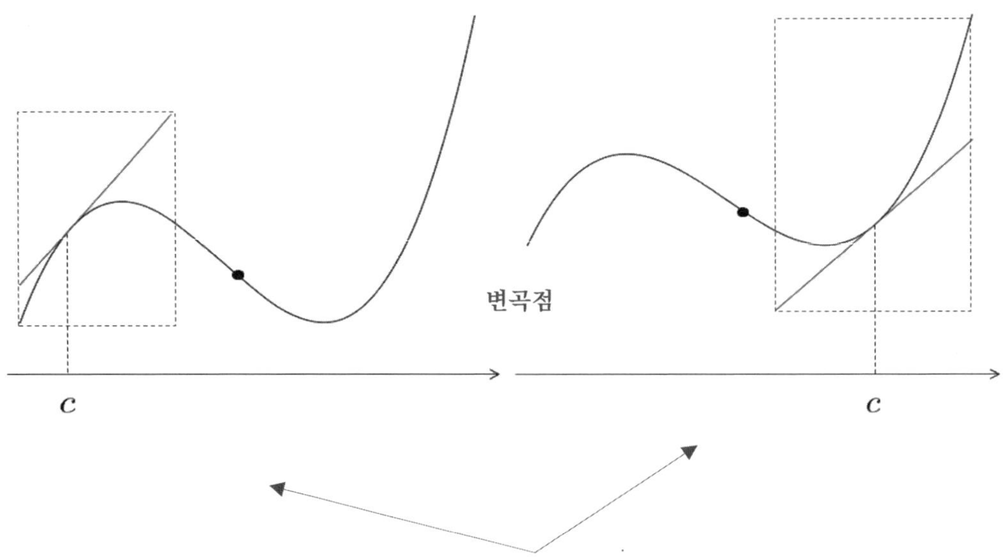

2계 도함수는 다음과 같이 함수가 위로 볼록하거나 아래로 볼록하는 상황을 알려준다. 함수 f가 점 c를 포함하는 적당한 개구간 I에서 미분가능하고 $f''(c)$가 존재할 때, 다음이 성립한다.

① $f''(c) > 0$이면, 곡선 f는 점 $(c, f(c))$에서 아래로 볼록하다.

② $f''(c) < 0$이면, 곡선 f는 점 $(c, f(c))$에서 위로 볼록하다.

$f''(c) > 0$이면 $f'' = (f')'$이므로 f'는 $x = c$의 근방에서 증가함을 알 수 있고, f'은 접선의 기울기를 의미하므로, 접선의 기울기가 증가하는 상황이다. 따라서 다음 그림과 같이 아래로 볼록임을 알 수 있다. 마찬가지로 $f''(c) < 0$이면 접선의 기울기가 감소하므로 위로 볼록임을 알 수 있다.

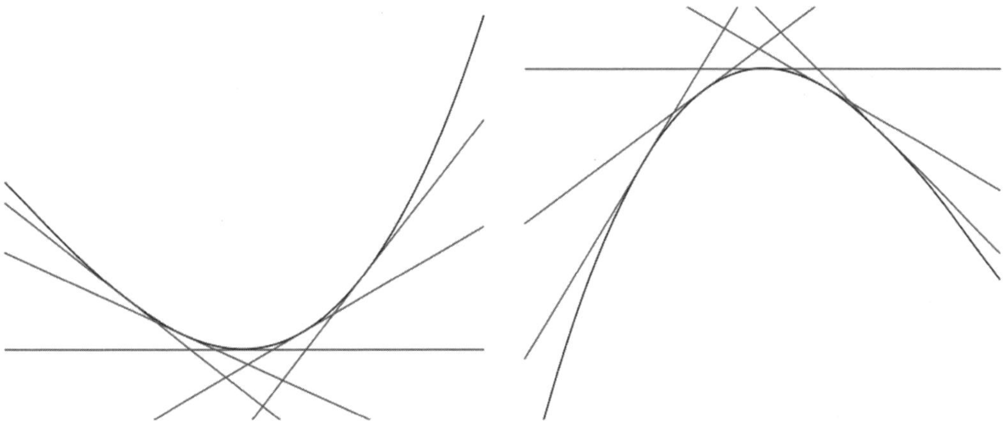

예제 2 함수 $f(x) = \frac{1}{3}x^3 - x^2 - 3x + 4$는 어느 구간에서 위로 볼록하고, 아래로 볼록한지 조사하시오.

sage -------- http://matrix.skku.ac.kr/KOFAC/ --------

```
f(x) = 1/3*x^3 - x^2 - 3*x + 4
df(x) = diff ( f(x), x )  # 도함수
d2f(x) = diff( df(x), x )  # 2계 도함수
p = plot ( f(x), (x, -3, 5), ymin = -5 )  # 함수의 그래프
```

```
show ( p )
print ( "f''(x) = ", d2f(x) )  # 2계 도함수
solve ( d2f(x) > 0, x )  # 2계 도함수가 0보다 큰 x값의 범위
```

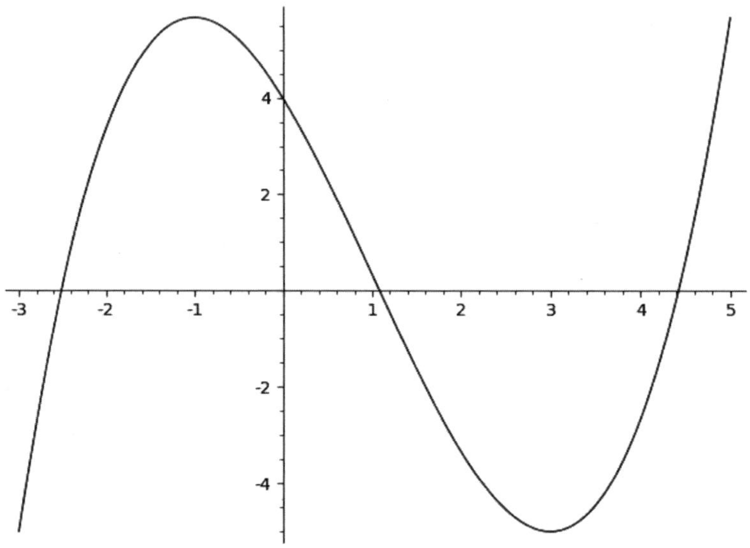


```
f''(x) =  2*x - 2
[[x > 1]]                # 1보다 큰 범위에서 함수가 아래로 볼록
```

따라서 $x < 1$에서 위로 볼록이고, $x > 1$에서 아래로 볼록이다. $(1, \frac{1}{3})$은 변곡점이다.■

8.3 극대, 극소, 최대, 최소

$f(x)$가 폐구간 $[a, b]$에서 연속이면 이 구간에서 $f(x)$가 최댓값을 취하는 점 및 최솟값을 취하는 점이 존재한다.

이 점을 구하기 위해서는 먼저 극대, 극소에 관하여 알아야 한다.

함수 f가 $x=c$의 근방의 모든 점 x에 대하여 $f(x) \le f(c)$가 성립하면 함수 f는

$x=c$에서 **극댓값** $f(c)$를 갖는다고 한다. 반대로 함수 f가 $x=c$의 근방의 모든 점 x에 대하여 $f(x) \geq f(c)$가 성립하면 함수 f는 $x=c$에서 **극솟값** $f(c)$를 갖는다고 한다. 또, f의 극댓값과 극솟값을 통틀어 극값이라 하고, 극대점 또는 극소점 $(c, f(c))$를 **극점**(極點, extreme point)이라 한다.

아래 그림에는 다양한 극댓값과 극솟값이 표시되어 있다.

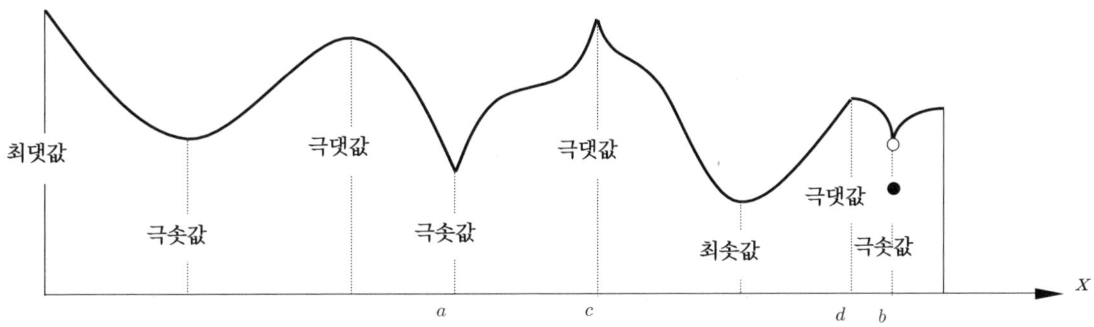

이로부터 **극값이 생길 수 있는 후보**들은 $f'(c)=0$이거나 $f'(c)$가 존재하지 않는 점 $x=c$임을 알 수 있다. 함수의 미분계수가 0이거나 존재하지 않는 점을 함수의 **임계점**(critical point)이라고 한다. 다음의 정리가 성립한다.

[Fermat의 임계점 정리]

함수 f가 개구간 (a, b)에서 연속이고 $x=c \in (a, b)$에서 극값을 갖는다면, $f'(c)=0$이거나 $f'(c)$가 존재하지 않는다.

예제 3 함수 $f(x)=-2x^3+3x^2$의 임계점을 구하시오.

풀이. 일단 f는 다항함수이므로 도함수가 존재하지 않는 점은 생기지 않는다. 따라서 $f'(x)=-6x^2+6x=0$에서 임계점은 $x=0$ 또는 $x=1$이다.

```
sage -------- http://matrix.skku.ac.kr/KOFAC/ --------
f(x) = -2*x^3 + 3*x^2
df(x) = diff(f(x), x)
solve(df(x) == 0, x)
------------------------------------------------------------------------
[x == 0, x == 1]
```
■

도함수를 이용하면 극댓값과 극솟값을 쉽게 판정할 수 있다.

함수 f가 정의역 내의 한 점 c에서 f'과 f''을 가지며, $f'(c)=0$일 때,

① $f''(c)<0$이면, $f(c)$는 함수 f의 극댓값이다. [f는 임계점 c에서 극댓값을 갖는다]

② $f''(c)>0$이면, $f(c)$는 함수 f의 극솟값이다.

$f''(c)<0$이면 점 $(c, f(c))$에서 위로 볼록인데, $f'(c)=0$이므로 아래 그림에서 $f(c)$는 함수 f의 극댓값임을 쉽게 알 수 있다. 마찬가지로 $f''(c)>0$이면 아래로 볼록이므로 다음 그림에서 $f(c)$는 함수 f의 극솟값임을 쉽게 알 수 있다.

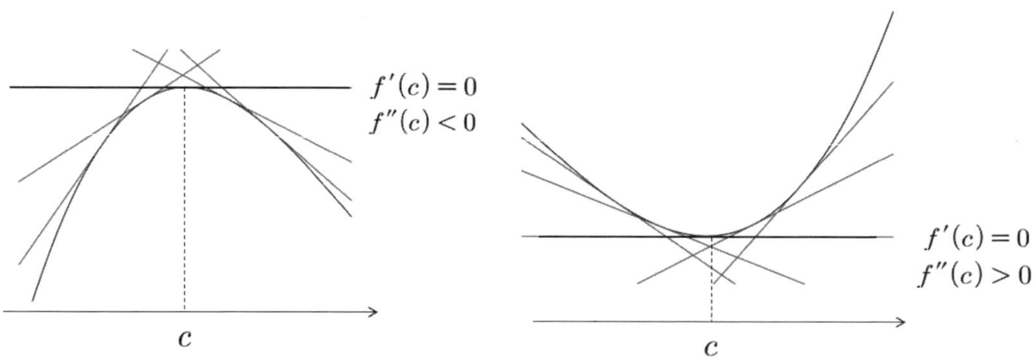

폐구간에서 연속인 함수 f의 최댓값과 최솟값은 임계점에서의 함숫값과 구간의 양 끝점에서의 함숫값을 비교하여 구하면 된다.

[단계 1] 구간 I에서 f의 임계점들을 찾는다.

[단계 2] 이 각각의 임계점들과 양 끝점에서 f의 값을 계산한다. 그 중 가장 큰 값이 최댓값이고, 가장 작은 값이 최솟값이다.

예제 4 함수 $f(x)=\frac{1}{3}x^3-x^2-3x+4$가 구간 $[-2,6]$에서 정의되었다고 할 때, f의 극댓값과 극솟값을 구하여라. 또, f의 최댓값과 최솟값을 구하시오.

Sage -------- http://matrix.skku.ac.kr/KOFAC/ --------

```
f(x) = 1/3*x^3 - x^2 - 3*x + 4
df(x) = diff(f(x), x)
d2f(x) = diff(df(x), x)
solve(diff(f(x)) == 0, x)  # 여기서 임계점 [x == 3, x == -1] 을 얻음
          # 임계점 [x == 3, x == -1] 을 f 위 2계도함수에 대입하면
print(d2f(-1), d2f(3))  # -1일 때는 극댓값, 3일 때는 극솟값을 얻는다.
print("극댓값 =", f(-1))
print("극솟값 =", f(3))
print(f(-2), f(6))  # 구간의 양 끝점에서의 함숫값과 비교한다
------------------------------------------------------------------
-4          4
극댓값 =    17/3
극솟값 =     -5
10/3        22     # 구간의 양 끝점에서의 함숫값
```

따라서 주어진 구간에서 f의 극댓값은 $\frac{17}{3}$, 극솟값은 -5, 최댓값은 22, 최솟값은 -5이다. ■

◪ 열린 문제 2 주어진 구간에서 두 번 미분가능한 함수를 골라서 그 함수의 극댓값, 극솟값 및 그 구간에서의 최댓값, 최솟값을 찾아보시오.

■ **[Fermat의 임계점 정리]**에 의해 **최적해**(optimal solution) x^*는 다음을 만족한다.

$$f'(x^*) = 0$$

따라서 방정식 $f'(x) = 0$ 을 풀어서 나온 해들이 최적해가 되는지 판단하면 된다. 그러나 함수 f가 복잡한 경우는 방정식을 풀어서 임계점을 구하는 것조차도 쉽지 않다. 이런 경우에는 수치적인 방법으로 임계점을 구한다. 대표적인 수치 최적화 방법인 **경사하강법**(gradient descent method)에 대하여는 다음 절에서 소개한다.

〈 참고사이트 〉

[함수의 극값 동영상 강의] http://youtu.be/mXVU8OqIHJY

[미적분학 실습실] http://matrix.skku.ac.kr/Cal-Book1/Ch4/

http://matrix.skku.ac.kr/Cal-Book/part1/CS-Sec-4-1-Sol.html

[미분의 응용 동영상 강의] https://youtu.be/O4lN5zEZnMA

9 경사하강법과 최소제곱문제의 해

http://matrix.skku.ac.kr/math4ai-intro/W9/

9.1 경사하강법(Gradient Descent Method)

http://matrix.skku.ac.kr/math4ai/gradient_descent/

최소제곱문제의 근사해를 수치적(numerical)으로 얻는 경사하강법을 소개한다.

다음과 같이 미분 가능한 일변수 함수 $f(x)$의 최솟값을 구하는 문제가 있다.

$$\min f(x)$$

여기서 $y = f(x)$의 그래프는 아래 그림과 같다고 하자.

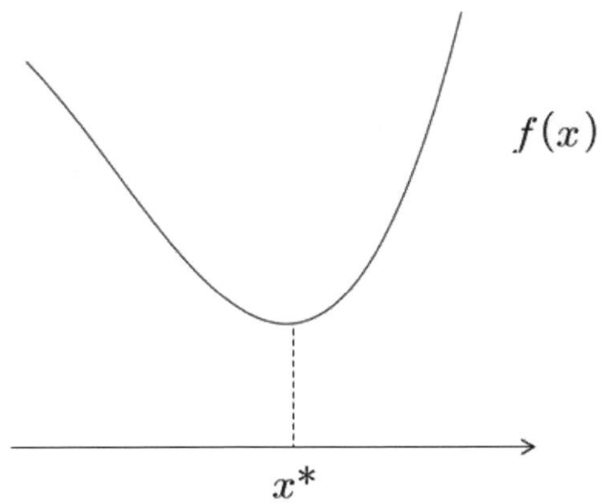

그러면 앞서 학습한 **[Fermat의 임계점**(critical point) **정리]**에 의해 **함수의 최솟값을 주는** x^*(이를 최적해, optimal solution 이라고 한다)는 다음을 만족한다.

$$f'(x^*) = 0$$

따라서 방정식 $f'(x) = 0$를 **만족하는 해들을 구하여 그 중 어느 것이** 최적해가 되는지 판단하면 된다. 그러나 함수 f가 복잡한 경우는 방정식을 풀어서 임계점을 구하는 것조차도 쉽지 않다. 이런 경우에는 수치적인 방법으로 임계점을 구한다. 이 절에서는 주어진 함수의 최솟값을 구하는 대표적인 수치 최적화 방법인 **경사하강법**(gradient descent method)에 대하여 살펴본다. 경사하강법의 기본 아이디어는 함수의 기울기(경사)를 구하여 기울기가 낮은 쪽으로 계속 이동시켜서 극값에 이를 때까지 반복시키는 것이다. 경사하강법의 알고리즘은 다음과 같다.

> **[경사하강법] 알고리즘**
>
> **[단계 1] 초기 근사해** x_1**, 허용오차**(tolerance) $0 \le \epsilon \ll 1$**, 학습률**(learning rate) η (eta, 에타)**를 준다.** $k := 1$**이라 한다.**
>
> **[단계 2]** $g_k = f'(x_k)$를 계산한다. 만일 $|g_k| \le \epsilon$ 이면, 알고리즘을 멈춘다.
>
> **[단계 3]** $x_{k+1} = x_k - \eta g_k$, $k := k+1$이라 두고 **[단계 2]**로 이동한다.

먼저 **알고리즘의 작동방식**을 살펴보자. 우선 임의로 x_1을 정하여 $g_1 = f'(x_1)$을 계산한다. 만일 $|g_1| \le \epsilon$ (여기서 ϵ (epsilon, 엡실론)은 예를 들어, $\epsilon = 10^{-6}$과 같이 매우 작은 양수를 의미한다.)이 성립하면 $f'(x_1) \approx 0$이 되어 (우리가 허용하는 오차범위에서) 임계점 정리를 만족하므로 알고리즘을 멈추고 x_1을 최적인 근사해로 반환한다. 그러나 $|g_1| > \epsilon$이면 계산공식 $x_2 = x_1 - \eta g_1$을 이용하여 x_2를 결정한다. 같은 방법으로 $g_2 = f'(x_2)$를 계산하여 임계점 정리를 만족하는지 판단해보고, 만일 성립되지 않으면 x_3를 결정한다. 이런 방식으로 x_4, x_5, ... ($\rightarrow x^*$)를 만들어 낸다. 우리는 적절한 x_k 또는 극한값 x^*에서 $f'(x) = 0$을 만족하기를 기대한다.

이제 경사하강법의 원리를 자세히 살펴보자. 예를 들어, 아래 그림과 같이 k번째 단계의 근사해 x_k에서의 **접선의 기울기가** $g_k = f'(x_k) < 0$**을 만족한다고 하자.** 그러면 x_k에서 오른쪽으로 이동할 때(양의 방향) 함수가 감소하므로 최솟값을 갖는 최적해 x^*는 x_k**의 오른쪽에 있다고 판단할 수 있다.** 따라서 x_k에서 $-g_k(>0)$ 방향(오른쪽)으로 이동하여 $x_{k+1} = x_k - \eta g_k$을 생성한다.

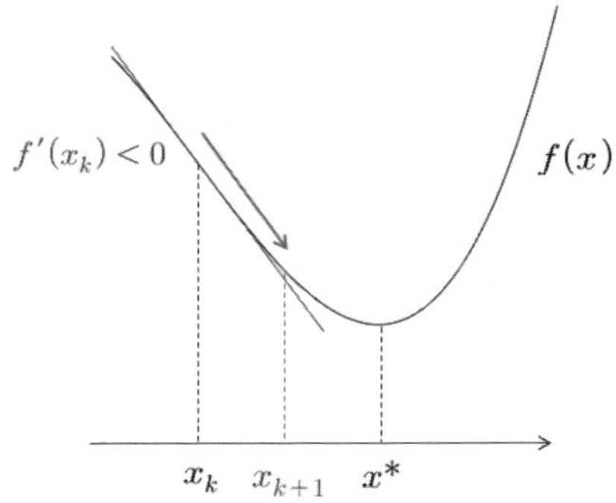

마찬가지로 아래 그림과 같이 k번째 단계의 근사해 x_k에서의 접선의 기울기가 $g_k = f'(x_k) > 0$을 만족한다고 하자. 그러면 x_k에서 왼쪽으로 이동할 때(음의 방향) 함수가 감소하므로 **최솟값을 갖는 최적해** x^***는** x_k**의 왼쪽에 있다고 판단할 수 있다.** 따라서 x_k에서 $-g_k(<0)$ 방향(왼쪽)으로 이동하여 $x_{k+1} = x_k - \eta g_k$을 생성한다.

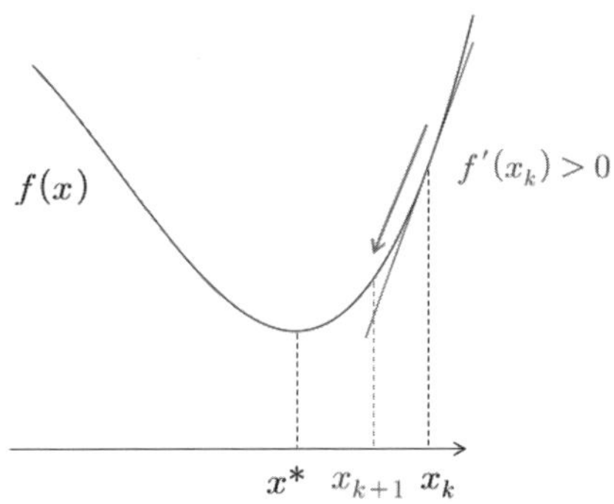

이를 통해 경사하강법은 $f(x_1) > f(x_2) > f(x_3) > \cdots$ 가 만족되도록 $x_1,\ x_2,\ x_3,\ \cdots$을 찾으려고 하는 것임을 알 수 있다. 이때 얼마만큼을 이동해야 하는지는 η가 결정하는데, 이를 **학습률**(learning rate)이라고 한다. 학습률이 너무 크면 x^*를 넘어서 지나칠 수 있고, 심지어 함수값이 증가하여 수렴하지 않을 수도 있다(아래 왼쪽 그림). 반대로 너무 작으면 수렴하는 속도가 느릴 수 있다(아래 오른쪽 그림). 적절한 η를 이용하여 계산공식 $x_{k+1} = x_k - \eta g_k$에 따라 x_{k+1}을 결정한다.

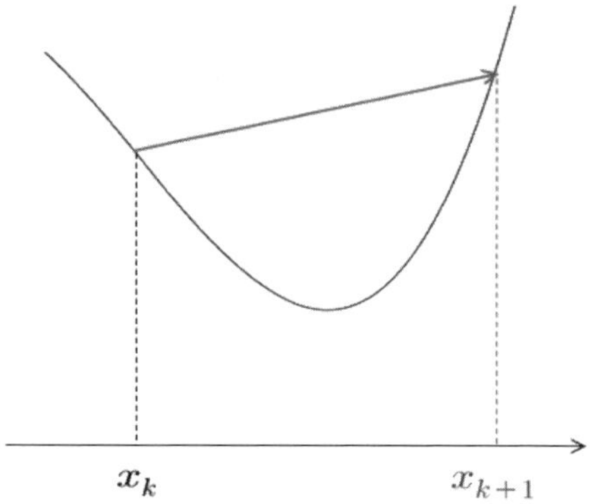

수렴하지 않는 경우

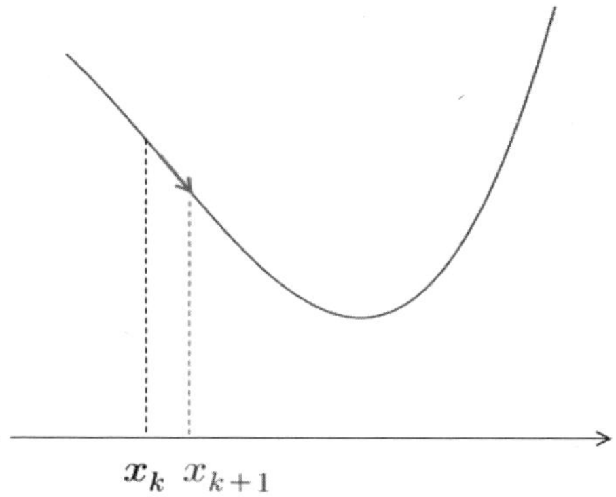

수렴속도가 느린 경우

> **참고** **적절한 학습률을 결정**하는 것은 경사하강법에서 중요한 문제이나 여기서는 자세히 다루지 않는다. 학습률은 대개 10^{-6}에서 1사이의 범위에서 정하는 것으로 알려져 있으며, **초기 학습률**로는 $\eta = 0.1$ 또는 $\eta = 0.01$이 주로 사용된다고 한다.

예제 5 함수 $f(x) = 2x^2 - 3x + 2$의 최솟값을 구하시오. 단 $x_1 = 0$, $\eta = 0.1$, $\epsilon = 10^{-6}$으로 한다.

풀이. $f'(x) = 4x - 3 = 0$에서 임계점은 $x = \dfrac{3}{4} = 0.75$이고 $f(x)$는 아래로 볼록인 이차 함수이므로 $x = \dfrac{3}{4}$에서 최솟값 $f\left(\dfrac{3}{4}\right) = \dfrac{7}{8} = 0.875$임을 쉽게 알 수 있다.

sage -------- http://matrix.skku.ac.kr/KOFAC/ --------

```
f(x) = 2*x^2 - 3*x + 2  # 함수
df(x) = diff(f(x), x)  # 도함수
x0 = 0.0  # 초기 근사해
tol = 1e-6  # 허용오차
eta = 0.1  # 학습률
for k in range(300):
    g0 = df(x0)
```

```
    if abs(g0) <= tol:
        print("알고리즘 성공!")
        break
    x0 = x0 - eta*g0
print("x* =", x0)
print("|g*| =", abs(g0))
print("f(x*) =", f(x0))
print("반복 횟수 =", k + 1)
------------------------------------------------------------------------
알고리즘 성공!
x* = 0.749999834194560
|g*| = 6.63221759289456e-7
f(x*) = 0.875000000000055
반복 횟수 = 31
```

■

위의 예제에서 경사하강법에 의해 생성된 점들 $(x_1, f(x_1))$, $(x_2, f(x_2))$, $(x_3, f(x_3))$, $\cdots$ 을 함수 $y=f(x)$의 그래프와 함께 좌표평면에 나타내면 다음과 같다. 그림을 통해 직관적으로 최솟값을 가지는 곡선위의 점 $(x^*, f(x^*))$에 수렴함을 쉽게 알 수 있다. 즉 수열 x_1, x_2, $\cdots$, 이 최적해 x^*으로 수렴함을 확인할 수 있다.

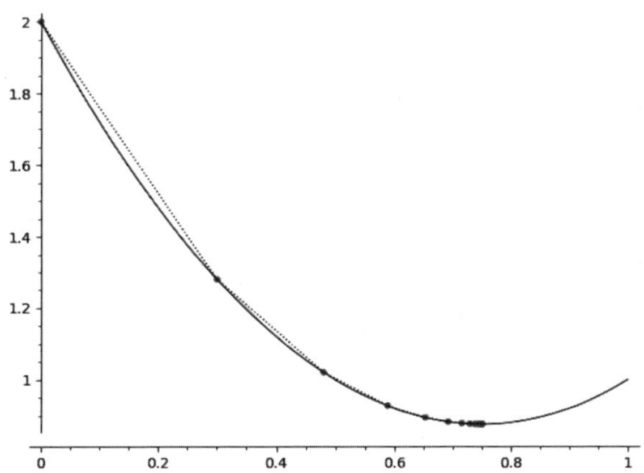

◩ 열린 문제 3 함수 $f(x)=9x^2-7x+6$의 최솟값을 구하시오. 단 $x_1=0$, $\eta=0.1$, $\epsilon=10^{-6}$으로 한다.

지금까지 경사하강법의 알고리즘과 작동 원리를 간단한 예제를 들어 설명하였다. 경사하강법은 딥러닝에서 가중치를 업데이트하는 데 사용되는 핵심 알고리즘이기도 하다. 앞서 경사하강법을 소개할 때 정의역 전체에서 아래로 볼록(convex)인 함수를 가정하였다. 그러나 구간마다 아래로 볼록, 위로 볼록이 모두 포함된 함수(non-convex)(예: 아래 그림)에 경사하강법을 적용하면, 시작점 x_1이 어디냐에 따라 서로 다른 극솟값 또는 (극대도 극소도 아닌) 임계점으로 수렴할 수도 있다.

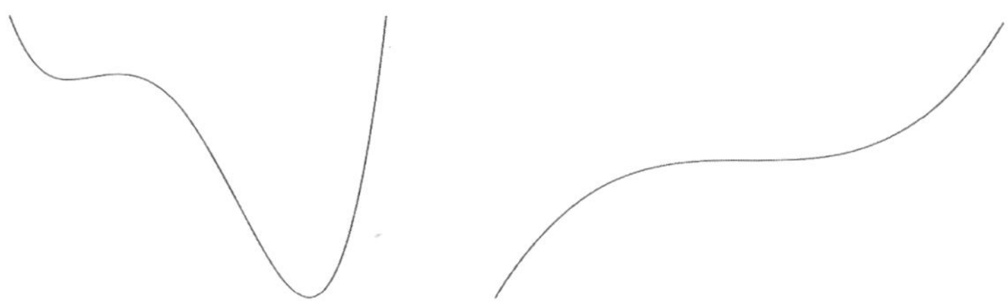

◩ 열린 문제 4 위의 그림과 같이 다양한 미분가능 함수인 경우, 일단 그래프의 개형을 그리고, 눈으로 확인되는 극솟값을 포함하는 작은 구간들을 정한다. 그 후, 각각의 구간에서 시작점을 잡아 경사하강법을 적용한다. 결과값(output)에 대하여 토론하시오.

■ 경사하강법 이외에도 최적해를 구하는 Newton의 방법이 있다. 이는 고등학교 수준을 넘는다. Newton의 방법과 테일러전개 등에 대한 **내용과 함께 궁금한 사항은 아래를 참고하시오**.

[인공지능 수학 교재] http://matrix.skku.ac.kr/math4ai/Math4AI.pdf

[인공지능과 미분(최적해)] http://matrix.skku.ac.kr/math4ai/part2/

[Newton의 방법] http://matrix.skku.ac.kr/Cal-Book1/Ch4/

[테일러전개] http://matrix.skku.ac.kr/Cal-Book1/Ch9/

주어진 연속함수에 가까운 다항식을 찾는 방법

*9.2 응용(최소제곱문제)

최소제곱문제도 역시 **경사하강법**으로 해결할 수 있다.

$$\min E(\mathrm{u})$$

다만 앞서 소개한 경사하강법은 독립변수가 하나인 일변수 함수 $f(x)$에 대하여 구성하였는데, 우리가 학습한 최소제곱문제는 독립변수가 최소 2개 이상인 **다변수 함수** $E(\mathrm{u})$이므로 다음과 같이 변형된다.

[다변수 함수에 대한 경사하강법] 알고리즘

[단계 1] **초기 근사해** $\mathrm{u}_1 \in \mathbb{R}^n$, **허용오차**(tolerance) $0 \le \epsilon \ll 1$, **학습률**(learning rate) η**를 준다.** $k := 1$**이라 한다.**

[단계 2] $\mathbf{g}_k = \nabla E(\mathrm{u}_k)$를 계산한다. 만일 $\|\mathbf{g}_k\| \le \epsilon$이면, 알고리즘을 멈춘다.

[단계 3] $\mathrm{u}_{k+1} = \mathrm{u}_k - \eta \mathbf{g}_k$, $k := k+1$이라 두고 [단계 2]로 이동한다.

다변수 함수에 대한 경사하강법도 기본적인 구성은 일변수 함수의 경우와 완전히 같으나 스칼라 x가 벡터 u로, 절대값 $|g|$이 벡터의 노름 $\|\mathbf{g}\|$으로, 도함수 $f'(x)$가 (도함수 역할을 하는) **그래디언트**(gradient) $\nabla E(\mathrm{u})$로 바뀌는 것만 차이가 있다. **[다변수 함수와 그래디언트에 대한 개념은 대학수학에서 학습하므로 여기서는 기본적인 정의만 아래에 소개한다.]**

x, y를 독립적으로 변화하는 두 변수라 하고 z를 제 3의 변수라 하자. x, y의 값이 각각 정해지면 여기에 대응하여 z의 값이 정해질 때 z를 두 변수 x와 y의 함수라 하고 이것을 $z = f(x, y)$로 표시한다. 같은 방법으로 더 많은 변수의 함수도 정의할 수 있다. 이와 같이 이변수 이상의 함수를 일반적으로 **다변수함수**라 한다.

좌표 공간에서 x, y및 $z = f(x, y)$를 좌표로 하는 점 (x, y, z)를 생각하고 x와 y를

움직이면 그들 점은 일반적으로 하나의 곡면을 이루게 되는데 이 곡면을 함수 $z=f(x,y)$의 **그래프**라 부른다. 예를 들어, 적당한 범위에서 **이변수 함수** $z=f(x,y)=-xye^{-x^2-y^2}$**의 그래프를 그리면 다음과 같다.**

```
var('x, y')  # 변수 정의
f(x, y) = -x*y*exp(-x^2 - y^2)
plot3d(f(x, y), (x, -2, 2), (y, -2, 2), opacity = 0.6, aspect_ratio = [1, 1, 10])
```

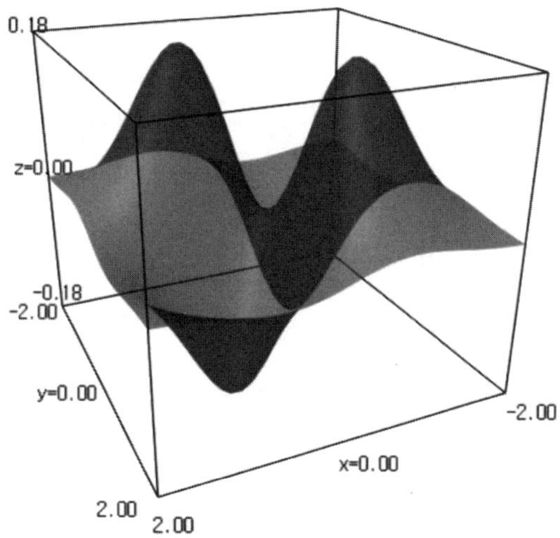

위의 그래프에서 산의 정상에 해당하는 부분에서 이변수 함수는 극댓값을 갖게 되고, 계곡의 바닥에 해당하는 부분에서 극솟값을 갖게 됨을 직관적으로 확인할 수 있다. 이 점을 찾기 위해서는 일변수 함수의 도함수에 해당하는 개념이 필요하다. 이를 다변수 함수의 **그래디언트**(gradient)라고 한다.

2변수 함수 $f(x, y)$의 그래디언트는 다음과 같이 정의된다.

$$\text{grad } f(x,y)=\nabla f(x, y)=\begin{bmatrix} \dfrac{\partial f}{\partial x} \\ \dfrac{\partial f}{\partial y} \end{bmatrix}$$

여기서 $\dfrac{\partial f}{\partial x}$는 f를 변수 x에 관하여 편미분한다는 뜻으로 x를 제외한 다른 변수는 모두 상수로 취급하여 미분하는 것과 같다. $\frac{\partial f}{\partial y}$도 마찬가지로 이해할 수 있다. 예를 들어, $z=f(x,y)=-xye^{-x^2-y^2}$의 그래디언트를 구하면 다음과 같다.

```
var('x, y')  # 변수 정의
f(x, y) = -x*y*exp(-x^2 - y^2)
f(x, y).gradient()  # 그래디언트
```

```
(2*x^2*y*e^(-x^2 - y^2) - y*e^(-x^2 - y^2),
2*x*y^2*e^(-x^2 - y^2) - x*e^(-x^2 - y^2))
```

답.

$$\text{grad} f(x,y)=\nabla f(x,\ y)=(2x^2ye^{-(x^2+y^2)}-ye^{-(x^2+y^2)},2xy^2e^{-(x^2+y^2)}-xe^{-(x^2+y^2)})$$

■

◆ **다변수함수의 도함수(그래디언트)**

같은 방법으로 독립변수가 3개 이상인 다변수함수 f에 대하여도 f의 그래디언트를 정의할 수 있다. 예를 들어, n변수 함수 $f(x_1,x_2,...,x_n)$에 대하여 그래디언트는 다음과 같다.

$$\text{grad}\ \ f(x_1,x_2,\ ...,x_n)=\nabla f(x_1,x_2,\ ...,x_n)=\begin{bmatrix}\frac{\partial f}{\partial x_1}\\\frac{\partial f}{\partial x_2}\\\vdots\\\frac{\partial f}{\partial x_n}\end{bmatrix}$$

◆ **최소제곱문제에서 첫 번째 예로 들었던 [5.2절]의 문제는 다음과 같다. 각 데이터 $(x_i,\ y_i)$에 대하여 x_i를 일차함수 $y=a+bx$에 대입하여 얻은 값을 $\hat{y}_i$라 하자(즉 $\hat{y}_i=a+bx_i$). 이 선형연립방정식의 해가 존재하지 않는 경우. 각 데이터와 근사식**

사이의 (제곱)오차 $\left(y_i - \hat{y}_i\right)^2$**가 최소가 되는** a, b**를 구하기 위하여, 각 데이터에 대하여 오차(error)를 더한 오차함수는 다음과 같다. (앞에** $\frac{1}{2}$**은 단지 계산의 편리성을 주기 위해서 곱해주었다.)**

$$E(\mathbf{u}) = E(a, b) = \frac{1}{2}\{(a-1)^2 + (a+b-3)^2 + (a+2b-4)^2 + (a+3b-4)^2\} = \frac{1}{2} \| A\mathbf{u} - \mathbf{y} \|^2$$

위의 **오차함수에 대한** $\min E(\mathbf{u})$ **을 구하기 위하여, 경사하강법**을 적용해 본다. **이때 초기조건** $\mathbf{u}_1 = (-2.5, -2.5)$, **허용오차** $\epsilon = 10^{-6}$, **학습률** $\eta = 0.1$ **로 두면 다음을 얻는다.**

sage -------- http://matrix.skku.ac.kr/KOFAC/ --------

```
var('a, b')  # 변수 선언
# 오차함수
E(a, b) = 1/2*((a - 1)^2 + (a + b - 3)^2 + (a + 2*b - 4)^2 + (a + 3*b - 4)^2)
# 도함수(그래디언트)
gradE = E.gradient()
u = vector([-2.5, -2.5])  # 초기 근사해
tol = 1e-6  # 허용오차 10^(-6)
eta = 0.1  # 학습률(learning rate)
r = []       # 그래프를 그리기 위한 용도

for k in range(300):
    g = gradE(u[0], u[1])
    gn = g.norm()
    r.append((u[0], u[1], E(u[0], u[1])))
    if gn <= tol:
        print("알고리즘 성공 !")
        break
    u = u - eta*g

print("u* =", u)
print("E(x*) =", E(u[0], u[1]))
```

```
print("반복 횟수 =", k + 1)
p1 = plot3d(E(a, b), (a, -3, 5), (b, -3, 5), opacity = 0.6)  # 이변수 함수 E(a, b) 곡면
p2 = line3d(r, color = 'red') + point3d(r, color = 'black', size = 50)  # 경사하강법에 의해 생성된 점을 연결
show(p1 + p2, aspect_ratio = [5, 5, 1]) # 동시에 그리기
------------------------------------------------------------------------
알고리즘 성공 !
u* = (1.49999929120196, 1.00000033198324)
E(x*) = 0.500000000000364
반복 횟수 = 118
```

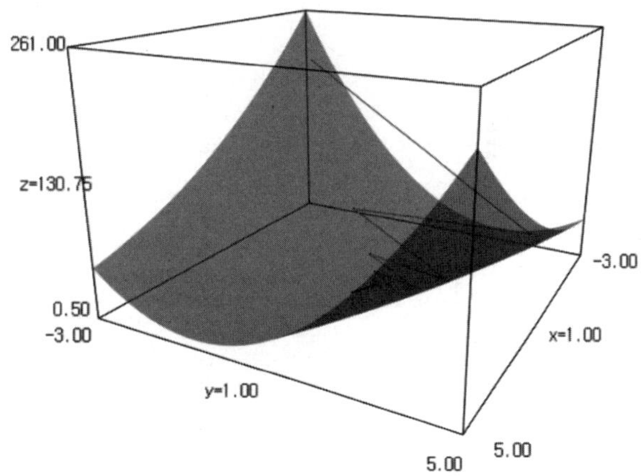

따라서 최소제곱직선은 $y=\dfrac{3}{2}+x$이다.

■

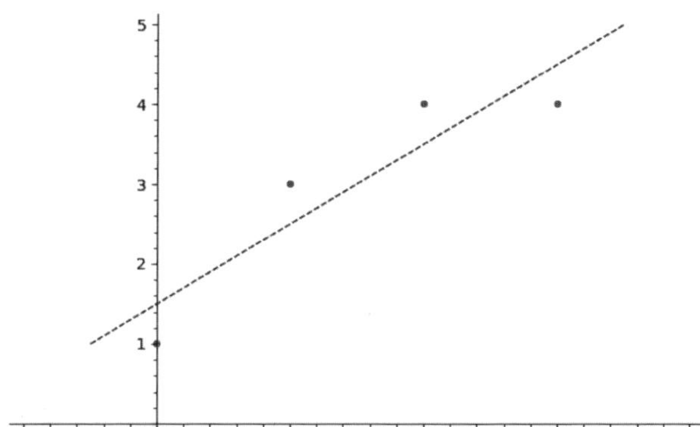

마찬가지로 [5.4절]에 있는 x와 y의 관계를 가장 잘 보여주는 (best fit) 이차함수 $y=a+bx+cx^2$도 찾을 수 있다. 이때, 오차는 다음과 같다.

$$E(a,b,c)=\frac{1}{2}\{(a-1)^2+(a+b+c-3)^2+(a+2b+4c-4)^2+(a+3b+9c-4)^2\}$$
$$=\frac{1}{2}\parallel A\mathbf{u}-\mathbf{y}\parallel^2$$

역시 경사하강법을 사용하면 아래의 (best fit) 이차함수 $y=a+bx+cx^2$을 얻는다. **이때 초기조건을** $\mathbf{u}_1=(1,1,1)$, **허용오차** $\epsilon=10^{-6}$, **학습률** $\eta=0.01$ **로 두면 다음을 얻는다.**

Sage -------- http://matrix.skku.ac.kr/KOFAC/ --------

```
var('a, b, c')  # 변수 선언
# 오차함수
E(a, b, c) = 1/2*((a - 1)^2 + (a + b + c - 3)^2 + (a + 2*b + 4*c - 4)^2 + (a + 3*b + 9*c - 4)^2)
# 도함수(그래디언트)
gradE = E.gradient()

u = vector([1.0, 1.0, 1.0])  # 초기 근사해
tol = 1e-6  # 허용오차 10^(-6)
eta = 0.01  # 학습률(learning rate)

for k in range(5000):

    g = gradE(u[0], u[1], u[2])
    gn = g.norm()

    if gn <= tol:

        print("알고리즘 성공!")
        break

    u = u - eta*g

print("u* =", u)
```

```
print("E(x*) =", E(u[0], u[1], u[2]))
print("반복 횟수 =", k + 1)
```

```
알고리즘 성공!
u* = (1.00000138155249, 2.49999723768073, -0.499999180018564)
E(x*) = 1.59664737265671e-12
반복 횟수 = 4207
```

즉, (best fit) 이차함수 $y=a+bx+cx^2$ 의 계수가 $a=1, b=2.5, c=-0.5$ 이므로, 최소제곱 곡선은 $y=1+\frac{5}{2}x-\frac{1}{2}x^2$이다. ■

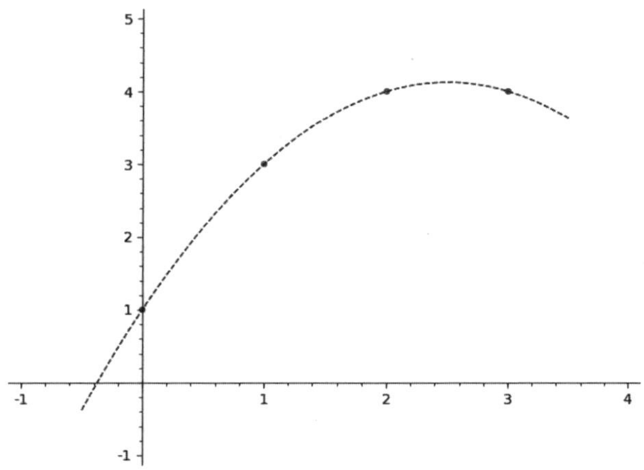

[참고자료]

[경사하강법 실습실] http://matrix.skku.ac.kr/math4ai-intro/W9/

[경사하강법 강의] https://youtu.be/BME4lOvnE-U (New)

(심화) 다변수 미적분학과 최적화 http://matrix.skku.ac.kr/math4ai/part2/

[경사하강법] http://matrix.skku.ac.kr/math4ai/gradient_descent/

과제

열린 문제 1 다른 교재에서 찾은 (연속) 미분가능한 함수의 3계 도함수(3rd derivative)를 구하시오.

열린 문제 2 주어진 구간에서 두 번 미분가능한 함수를 골라서 그 함수의 극댓값, 극솟값 및 그 구간에서의 최댓값, 최솟값을 찾아보시오.

열린 문제 3 함수 $f(x)=9x^2-7x+6$의 최솟값을 구하시오. 단 $x_1=0$, $\eta=0.1$, $\epsilon=10^{-6}$으로 한다.

열린 문제 4 위의 그림과 같이 다양한 미분가능 함수인 경우, 일단 그래프의 개형을 그리고, 눈으로 확인되는 극솟값을 포함하는 작은 구간들을 정한다. 그 후, 각각의 구간에서 시작점을 잡아 경사하강법을 적용한다. 결과값(output)에 대하여 토론하시오.

IV

인공지능과 통계

10 순열과 조합, 확률, 확률변수, 확률분포, 베이지안

10.1 순열과 조합 http://matrix.skku.ac.kr/math4ai-intro/W10/

경우의 수를 세는 방법에는 크게 두 가지 순열과 조합이 대표적이다. 먼저 **순열**(permutation)은 **순서를 고려하여 나열하는 경우의 수**를 의미한다. 예를 들어, 1, 2, 3, 4, 5가 적힌 5장의 카드에서 세 장을 택하여 순서대로 나열하는 경우의 수는 다음과 같다.

$$5 \times 4 \times 3 = 60$$

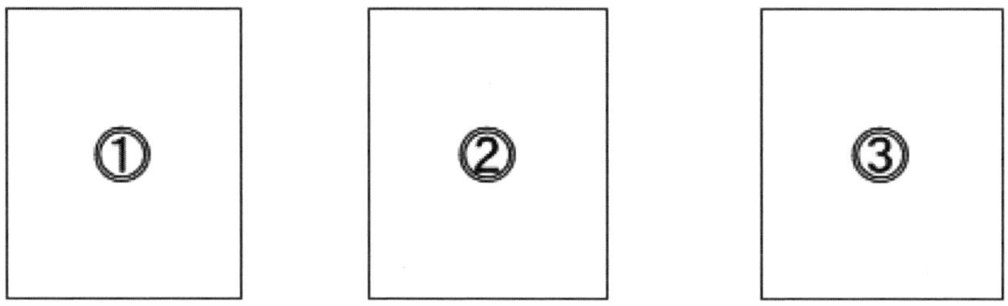

(5장의 카드 중 하나) × (남은 4장의 카드 중 하나) × (남은 3장의 카드 중 하나)

그 이유는 다음과 같이 설명할 수 있다. 예를 들어, 위와 같이 **카드 세 장을 순서대로 나열**한다고 할 때 ①번 카드에 올 수 있는 숫자는 1, 2, 3, 4, 5로 **5가지이고,** ②번 카드에 올 수 있는 숫자는 ①번 카드에 사용된 숫자를 제외하고 **4가지이다.** 마찬가지로 ③번 카드에 올 수 있는 숫자는 ①번과 ②번 카드에 사용된 2개의 숫자를 제외한 **3가지가 있다.** 따라서 **이들을 모두 곱하면** $5 \times 4 \times 3 = 60$**가지나 된다.**

이와 같이 서로 다른 n개에서 k개를 택하여 순서대로 나열한 **순열의 수를** ${}_nP_k$ **로 쓰고 다음 공식에 의해 계산한다.**

$${}_nP_k = n(n-1)\cdots(n-k+1) \qquad (k \le n)$$

특히 $k=n$일 때 ${}_nP_n = n(n-1)\cdots 2 \cdot 1$을 $n!$로 나타낸다. 이를 n의 **계승**(factorial)이라 한다. ${}_nP_k$ 를 계승을 이용하여 표현하면 다음과 같다.

$$ {}_nP_k = n(n-1)\cdots(n-k+1) = \frac{n(n-1)\cdots(n-k+1)(n-k)\cdots 2\cdot 1}{(n-k)\cdots 2\cdot 1} = \frac{n!}{(n-k)!} $$

예제 1 1부터 9까지의 숫자 중에서 서로 다른 3개를 선택하여 3자리 수를 만들려고 한다. 만들 수 있는 자연수의 개수를 구하시오.

풀이. ${}_9P_3 = 9\times 8\times 7 = 504$이다. ■

sage -------- http://matrix.skku.ac.kr/KOFAC/ --------

```
factorial(9)/factorial(6)
```

답: 504 # ${}_9P_3 = 9\times 8\times 7 = 504$이다. ■

■ **조합**(combination)은 **순서와 상관없이 선택하는 경우의 수**를 말한다. 예를 들어, 1, 2, 3, 4, 5가 적힌 5장의 카드에서 세 장을 택하는 경우의 수는 다음과 같다.

$$ \frac{5\times 4\times 3}{3!} = 10 $$

그 이유는 다음과 같이 설명할 수 있다. 앞서 순열에서는 세 장을 택하는 경우마다 그 순서를 달리하면 모두 다른 경우로 여긴다. 그러나 조합에서는 이미 택한 세 장에 대하여 순서대로 나열하는 것은 모두 같은 경우로 판단하므로 순열의 수를 세 장을 배열하는 수 (위의 경우 3!)로 나누어주어야 한다.

이와 같이 서로 다른 n개에서 k개를 택하는 조합의 수를 ${}_nC_k$ 와 같이 나타내고 다음 공식에 의해 계산한다.

$$ {}_nC_k = \frac{{}_nP_k}{k!} = \frac{n!}{(n-k)!\,k!} = \binom{n}{k} \quad (k \le n) $$

예제 2 500개의 넥타이로부터 5개의 넥타이를 택하는 방법의 개수는

$$\binom{500}{5} = \frac{500!}{5!\,495!} \text{ 이다.}$$

Sage -------- http://matrix.skku.ac.kr/KOFAC/ --------

```
factorial(500)/(factorial(5)*factorial(495))
------------------------------------------------------------------------
255,244,687,600     # (2천552억...)
```
■

다음과 같이 Sage 내부 명령어를 이용하여 계산할 수도 있다.

Sage -------- http://matrix.skku.ac.kr/KOFAC/ --------

```
binomial(500, 5)   # binomial(n, k)  서로 다른 n개에서 k개를 택하는 조합의 수
------------------------------------------------------------------------
255,244,687,600     # (2천552억...)
```
■

지금까지는 선택할 때 중복을 허락하지 않은 경우를 소개하였다. 만일 중복을 허락한다면 다음과 같이 중복순열과 중복조합을 계산할 수 있다.

(1) **중복순열**(repeated permutation) ${}_n\Pi_k$

서로 다른 n개에서 **중복을 허용하여** k개를 택하여 순서대로 나열한 경우의 수이고 다음 공식에 의해 계산한다.

$${}_n\Pi_k = n^k$$

(2) **중복조합**(repeated combination) ${}_nH_k$

서로 다른 n개에서 **중복을 허용하여** (순서없이) k개를 택하는 경우의 수이고 **다음 공식과 같이 계산할 수 있다.**

$${}_nH_k = {}_{n+k-1}C_k$$

예제 3 숫자 1, 2, 3, 4, 5 중에서 중복을 허락하여 세 개를 택해 일렬로 나열하여 만든 세 자리의 자연수가 5의 배수인 경우의 수를 구하시오.

풀이. **세 자리 자연수 □□□의 일의 자리**를 5로 고정시키면 되므로, 빈 두 자리 □□5 를 1, 2, 3, 4, 5 중에서 중복을 허락하여 나열하는 경우의 수와 같다. 즉, **서로 다른 $n=5$개에서 중복을 허용하여 $k=2$개를 선택하는 중복순열의 수와 같다.** 따라서 다음을 얻는다.

$$_n\Pi_k = {}_5\Pi_2 = 5^2 = 25$$ ■

예제 4 4명의 사람이 A, B, C 중 한 명에게 무기명으로 투표를 할 때, 나올 수 있는 경우의 수를 구하시오.

풀이. 4명이 무기명으로 투표하는 방법은 AAAA, AAAB, ..., BCCC, CCCC 이므로, **서로 다른 $n=3$개에서 중복을 허용하여 $k=4$개를 선택하는 중복조합의 수와 같다.** 즉

$$_nH_k = {}_3H_4 = {}_{3+4-1}C_4 = {}_6C_4 = 15$$ 이다. ■

10.2 확률

특정 사건(event)이 일어날 가능성을 수 0과 1 사이의 값으로 나타낸 것을 **확률**(probability)이라고 한다. 예를 들어, 동전 던지기를 한 번 했을 때 앞면이 나올 확률은 $\frac{1}{2}$이다. 그리고 확률이 0임은 사건이 절대로 일어날 수 없음을 의미하며, 1은 사건이 반드시 일어남을 의미한다.

사건이 일어날 확률을 수학적으로 분석하기 위해서는, 먼저 어떠한 사건들이 발생 가

능한지를 명확히 알아야 한다. 예를 들어, 동전 던지기의 경우 발생 가능한 사건들은 {앞면, 뒷면} 으로 나타낼 수 있으며, 정육면체 주사위의 경우 {1, 2, 3, 4, 5, 6} 으로 나타낼 수 있다. 이러한 사건들의 집합을 **표본공간**(Sample Space)이라고 한다.

이제 확률을 정의해보자. **어떤 실험이나 관찰에서 각 경우가 일어날 가능성이 같다고 할 때, 일어나는 모든 경우의 수를 $n(S)$, 사건 A가 일어나는 경우의 수를 $n(A)$라고 하면 사건 A가 일어날 확률 $P(A)$는 다음과 같다.**

$$P(A)=\frac{\text{사건 }A\text{가 일어나는 경우의 수}}{\text{일어날 수 있는 모든 경우의 수}}=\frac{n(A)}{n(S)}$$

그리고 기하적으로 $A \subset S$인 영역 A에 속하는 확률 $P(A)$는 다음과 같다.

$$P(A)=\frac{\text{영역 }A\text{의 크기}}{\text{전체의 영역 }S\text{의 크기}}$$

또한, 어떤 시행을 n번 반복하였을 때, 특정사건 A가 일어난 횟수가 k번이라 할 때, n이 한없이 커짐에 따라 상대도수 $\frac{k}{n}$가 일정한 값 p에 가까워지면 이 값 p를 사건 A의 통계적 확률라고 한다. 그러나 시행횟수 n이 충분히 커지면 통계적 확률은 수학적 확률과 같아지는데, 이것을 **대수의 법칙**(Law of large number)이라 한다.

$$\lim_{n\to\infty}\frac{k}{n}=P(A)$$

확률은 다음 성질을 만족한다. 사건 A의 확률을 $P(A)$라 하면

① 표본공간 S에서 임의의 사건 A에 대하여 $0 \le P(A) \le 1$ 이 성립한다.

② 표본공간 S에 대하여 $P(S)=1$ (표본공간 전체의 확률은 1)이 성립한다.

③ 공사건 $\varnothing$에 대하여 $P(\varnothing)=0$ 이 성립한다.

④ 두 사건 A, B가 동시에 발생하지 않는 배반사건이면 다음이 성립한다.

$$P(A\cup B)=P(A)+P(B)$$

⑤ 사건 A가 일어나지 않는 경우를 A^c이라 하면 $P(A^c)=1-P(A)$이 성립한다.

예제 5 주머니 속에 검은 공이 3 개, 흰 공이 2 개, 붉은 공이 1 개 들어있다. 여기서 동시에 두 개의 공을 꺼낼 때, 같은 색의 공이 나올 확률을 구하면?

풀이. 주머니 속의 6개의 공 중에서 두 개의 공을 꺼내는 경우의 수는 ${}_6C_2 = 15$, 같은 색인 경우는 검은 공 또는 흰 공이 2개 나와야 한다. 이 경우의 수는 ${}_3C_2 + {}_2C_2 = 4$ 이다. 따라서 구하는 확률은 $\frac{4}{15}$ 이다.

Sage -------- http://matrix.skku.ac.kr/KOFAC/ --------

```
( binomial(3, 2) + binomial(2, 2) ) / binomial(6, 2)
---------------------------------------------------------------------------
4/15
```

■

예제 6 아래의 R **명령어**로 동전 한 개를 10회 던져 보고, 뒷면의 수와 앞면의 수를 기록해 보자. 동일한 방법으로 같은 동전을 100회 던지는 실습을 해 보시오.

풀이. R **명령어**를 직접 입력한 후, Sage 셀 오른쪽 하단의 Language를 R로 지정하여 실행하면 결과가 나타난다.

Sage -------- http://matrix.skku.ac.kr/KOFAC/ - 〈 R **명령어**〉 --

```
coin = sample(c("뒤","앞"), 10, replace = TRUE)    # 10회 반복 〈 R 명령어〉
coin
---------------------------------------------------------------------------
[1] "앞" "앞" "앞" "뒤" "뒤" "뒤" "뒤" "뒤" "앞" "뒤"
```

■

위의 코드에서 coin 대신에 table(coin) 명령어를 사용하면 다음과 같이 표로 나타내 준다.

```
-------- http://matrix.skku.ac.kr/KOFAC/ - < R 명령어> --
coin = sample(c("뒷면","앞면"), 100, replace = TRUE)   # 100회 반복 < R 명령어>
table(coin)
--------------------------------------------------------------------
coin
뒷면 앞면
51   49
```
■

http://matrix.skku.ac.kr/2018-album/R-Sage-Stat-Lab-2.html

■ 시행의 횟수를 아주 크게 늘려 가면, 앞서 대수의 법칙에서 설명한 바와 같이 뒷면과 앞면이 나오는 확률이 $\frac{1}{2}$ (수학적 확률)로 수렴함을 확인할 수 있다.

예제 7 1000개의 제품 중에 불량품이 3개 있다. 이 제품 중에서 10개의 제품을 구입했을 때 다음 확률을 구하시오.

(1) 구입제품 중 불량품이 한 개도 없는 경우

(2) 구입제품 중 불량품이 적어도 한 개 이상 있는 경우

풀이. 1000개의 제품 중에 10개의 제품을 선택하는 경우의 수는 $\binom{1000}{k}=\binom{1000}{10}$이다.

따라서 (1) 불량품이 한 개도 없는 경우는 정상 제품인 997개에서 10개를 모두 선택하고, 불량품 3개에서는 하나도 선택하지 않는 경우밖에 없으므로 그 경우의 수는 $\binom{997}{10}\times\binom{3}{0}$이다. Sage 코드를 이용하여 계산하면 다음과 같다.

```
-------- http://matrix.skku.ac.kr/KOFAC/ --------
# 모두 불량품이 아닐 확률
(binomial(997, 10)*binomial(3, 0)/binomial(1000, 10)).n(digits = 7)
--------------------------------------------------------------------
0.9702695
```
■

R코드를 이용하여 계산하면 다음과 같다.

Sage -------- http://matrix.skku.ac.kr/KOFAC/ - 〈 R 명령어〉 --

```
# 모두 불량품이 아닐 확률 〈 R 명령어〉
choose(997, 10)* choose(3, 0)/ choose(1000, 10)
```

---

[1] 0.9702695 ■

(2) 불량품이 적어도 한 개 이상 있을 확률은, 1에서 불량품이 한 개도 없는 확률을 빼면 되므로, 구하고자 하는 확률은 $1-\frac{{}_{997}C_{10}\times {}_3C_0}{{}_{1000}C_{10}}$ 이 된다. Sage 코드를 이용하여 계산하면 다음과 같다.

Sage -------- http://matrix.skku.ac.kr/KOFAC/ --------

```
# 적어도 불량품이 1개 이상 있을 확률
(1 - binomial(997, 10)*binomial(3, 0)/binomial(1000, 10)).n(digits = 7)
```

0.02973045 ■

R코드를 이용하여 계산하면 다음과 같다.

Sage -------- http://matrix.skku.ac.kr/KOFAC/ - 〈 R 명령어〉 --

```
# 적어도 불량품이 1개 이상 있을 확률 〈R 명령어〉
1 - choose(997, 10)*choose(3, 0)/choose(1000, 10)
```

---

[1] 0.02973045 ■

10.3 조건부확률

조건부확률은 확률과 데이터 분석에서 사용되는 아주 중요한 개념이다.

어떤 사건 A가 일어났다는 조건하에서 사건 B가 일어날 확률을 사건 A에 대한 사건 B의 **조건부확률**(conditional probability)이라 하고 $P(B|A)$로 표시하며 다음과 같이 정

의한다.

$$P(B|A) = P_A(B) = \frac{P(A \cap B)}{P(A)} = \frac{P(B \cap A)}{P(A)} \qquad (\text{단, } P(A) > 0)$$

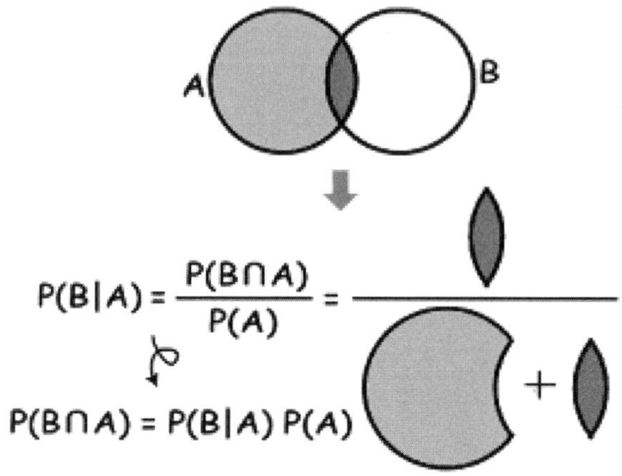

[그림출처] https://blog.naver.com/alwaysneoi/100148922781

조건부 확률의 정의로부터 다음의 곱셈정리(관계식)를 얻을 수 있다.

$$P(A \cap B) = P(A)P(B|A) = P(B)P(A|B) = P(B \cap A)$$

또한, 일반적으로 사건 $A_1, A_2, \cdots, A_n$에 대하여 다음이 성립한다.

$$\begin{aligned} & P(A_1)P(A_2|A_1)P(A_3|A_1 \cap A_2) \cdots P(A_n|A_1 \cap A_2 \cap \cdots \cap A_{n-1}) \\ &= P(A_1) \cdot \frac{P(A_1 \cap A_2)}{P(A_1)} \cdot \frac{P(A_1 \cap A_2 \cap A_3)}{P(A_1 \cap A_2)} \cdots \frac{P(A_1 \cap A_2 \cap \cdots \cap A_n)}{P(A_1 \cap A_2 \cap \cdots \cap A_{n-1})} \\ &= P(A_1 \cap A_2 \cap \cdots \cap A_n) \end{aligned}$$

예제 8 두 사건 A, B에 대하여 $P(A) = \frac{21}{25}$, $P(A \cap B^c) = \frac{1}{5}$일 때, $P(B|A)$의 값을 구하시오.

풀이. $P(B|A) = \frac{P(A \cap B)}{P(A)} = \frac{P(A) - P(A \cap B^c)}{P(A)}$에서 다음과 같이 구할 수 있다.

$$P(B \mid A) = \frac{\frac{21}{25} - \frac{1}{5}}{\frac{21}{25}} = \frac{21-5}{21} = \frac{16}{21}$$ ■

10.4 베이즈 정리

베이즈 정리(Bayes' theorem)는 주어진 조건에서 어떠한 현상이 실제로 나타날 확률을 구하는 방법으로, 불확실성 하에서 의사결정 문제를 수학적으로 다룰 때 중요하게 이용된다. 특히, 정보와 같이 눈에 보이지 않는 무형자산이 지닌 가치를 계산할 때 유용하게 사용된다. 베이즈 정리를 설명하기 위해 먼저 용어를 정리해보자.

먼저 **사전확률**(prior probability)은 관측자가 이미 알고 있는 사건으로부터 나온 확률을 말한다. $P(A)$는 A에 대한 사전확률을 나타낸다. 그리고 **사후확률**(posteriori probability)은 사전확률과 대비되는 개념으로 실제의 데이터나 조건이 부과되었을 때 기대되는 조건부 확률을 말한다. 즉 어떤 특정사건이 이미 발생하였는데, 이 특정사건이 나온 이유가 무엇인지 불확실한 상황을 식으로 나타낸 것이며 $P(A \mid B)$로 표현될 수 있다. 여기서 B는 이미 일어난 사건이고, 사건 B를 관측한 후에 그 원인이 되는 사건 A의 확률을 따졌다는 의미로 사후확률이라고 정의한다. 베이즈 정리는 **사전확률과 사건으로부터 얻은 자료를 사용하여 사후확률을 추출해내는 것이다.** 즉 사전확률과 사후확률의 관계를 조건부 확률을 이용하여 계산하는 이론이다.

$\{A_1, A_2, \ldots, A_n\}$이 표본공간 S의 분할(partition)을 이룬다고 하자. 그러면 임의의 사건 B에 대하여 다음이 성립한다.

$$B = S \cap B = (A_1 \cup A_2 \cup \cdots \cup A_n) \cap B = (A_1 \cap B) \cup (A_2 \cap B) \cup \cdots \cup (A_n \cap B)$$

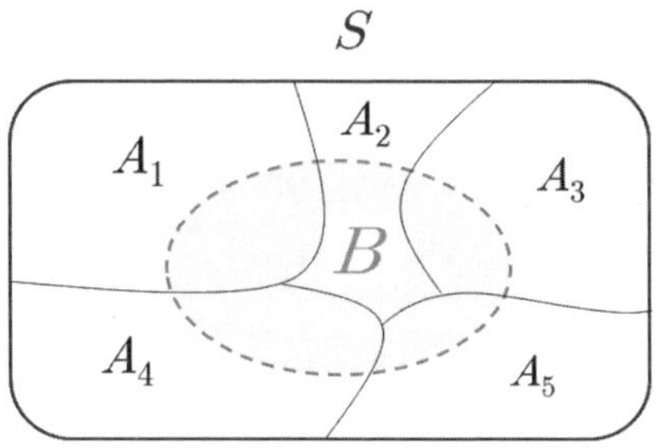

이때 $A_i \cap B$ $(i=1,2,\cdots,n)$는 서로 배반(exclusive)이다. 따라서

$$P(B)=P(A_1 \cap B)+P(A_2 \cap B)+\cdots+P(A_n \cap B)$$

이다. 한편, 확률의 곱셈정리로부터 아래 **전확률 공식**(Law of Total Probability)을 얻을 수 있다.

$$P(B)=P(A_1)P(B|A_1)+P(A_2)P(B|A_2)+\cdots+P(A_n)P(B|A_n)$$

또한, 임의의 i에 대한 조건부확률 $P(A_i|B)=\dfrac{P(A_i \cap B)}{P(B)}$에 $P(A_i \cap B)=P(A_i)P(B|A_i)$와 위의 전확률 공식을 대입하면 다음 식을 얻을 수 있는데 이를 베이즈 정리(Bayes' theorem)라고 한다.

$$P(A_i|B)=\frac{P(A_i \cap B)}{P(B)}=\frac{P(A_i)\cdot P(B|A_i)}{P(A_1)P(B|A_1)+P(A_2)P(B|A_2)+\cdots+P(A_n)P(B|A_n)}$$

베이즈 정리에서 $P(A_i)$를 사건 A_i의 사전확률, $P(A_i|B)$를 사건 A_i의 사후확률이라 한다.

예제 9 3대의 기계 A, B, C가 각각 이 공장의 생산품 전체의 50%, 30%, 20%를 생산한다. 그리고 이들 기계가 불량품을 생산할 비율은 각각 4%, 3%, 2%이다. 한 제품을 임의로 선택할 때 **그 제품이 불량품일 확률을 구하여라.** 또한 불량품이 기계 C에 의하여 생산될 확률을 구하시오.

풀이. 구입한 1개의 제품이 기계 C로 생산된 제품인 사건을 C로 나타내고, 그것이 불량품이라는 사건을 X로 나타내면,

(제품을 생산하는 사건)

$$A \cup B \cup C = S \text{ 이고, } P(A) = 0.5,\ P(B) = 0.3,\ P(C) = 0.2.$$

(불량품을 생산하는 사건) $X = (A \cap X) \cup (B \cap X) \cup (C \cap X)$

(불량품을 생산하는 확률)

$$P(X|A) = 0.04,\ P(X|B) = 0.03,\ P(X|C) = 0.02$$

이므로 전확률(total probability) 공식에 의해 다음을 얻는다.

$$P(X) = P(A)P(X|A) + P(B)P(X|B) + P(C)P(X|C)$$
$$= 0.5 \times 0.04 + 0.3 \times 0.03 + 0.2 \times 0.02 = 0.033$$

따라서 베이즈 정리에 의하여 불량품 중 기계 C가 생산한 제품이 불량품일 확률은 다음과 같다.

$$P(C|X) = \frac{P(C)P(X|C)}{P(A)P(X|A) + P(B)P(X|B) + P(C)P(X|C)}$$
$$= \frac{0.2 \times 0.02}{0.5 \times 0.04 + 0.3 \times 0.03 + 0.2 \times 0.02} = \frac{4}{33}$$ ■

◪ 열린 문제 1 베이즈 정리(Bayes' theorem)가 적용되는 예의 하나인 조건부 확률에 관한 몬티홀(Monty Hall) 문제에 대하여 토론하시오.

https://destrudo.tistory.com/5

[참고자료] 순열, 조합, 확률 설명: https://youtu.be/KQXO-XbJauU

[참고자료] 베이즈 정리 동영상: https://youtu.be/VAGLigLt2Hw

10.5 확률변수

동전 2개를 동시에 던져보자. 그러면 발생할 수 있는 사건들은 다음과 같다.

{앞면, 앞면}, {앞면, 뒷면}, {뒷면, 앞면}, {뒷면, 뒷면}

그리고 이들 각각의 사건이 일어나는 확률은 $\frac{1}{4}$이다. 이때 뒷면이 나오는 동전의 개수를 X라 하면, 다음 그림과 같이 각 사건은 숫자 0, 1, 2에 대응시킬 수 있다. 예를 들어, $X=0$은 (앞면, 앞면)에 대응된다.

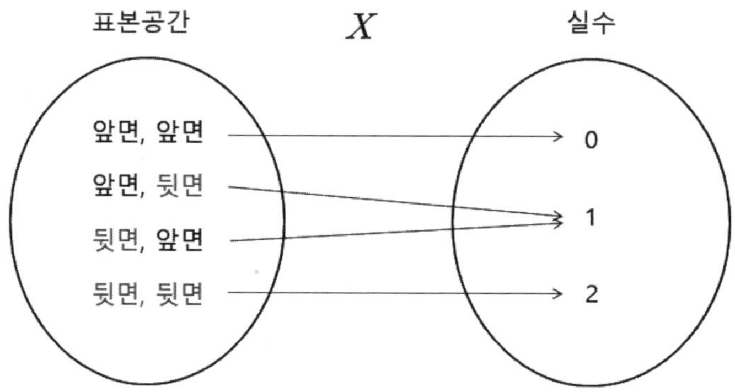

확률변수(random variable)**란 컴퓨터 프로그래밍에서의 변수와 같은 것인데, 어떤 값을 취하느냐가 확률적으로 결정되는 변수이다. 그래서 확률변수 또는 간략하게 '변수'라고 기술하기로 한다.** 즉 표본 공간의 모든 표본에 대해 어떤 실수 값을 대응시킨(할당한) 것이다. 따라서 확률변수를 사용하게 되면 구체적인 각 사건 대신에 이를 **수치**(數値)로 표현할 수 있어 여러 가지 계산과 분석이 가능해진다. **확률변수는 영어 대문자로 쓰고 그 변수가 취할 수 있는 값 하나하나에 대해서는 소문자로 쓴다.**

10.6 이산확률분포

확률변수 X가 연속적이지 않은 값 $x_1, x_2, \cdots, x_n$을 취할 때, X를 **이산확률변수**라 하고, 각각의 x_i에 대하여 $X=x_i$일 확률 $P(X=x_i)$을 할당한 것을 **이산확률분포**라 한다.

다음과 같이 표로 나타낼 수 있다.

X	x_1	x_2	$\cdots$	x_n	합(sum)
확률	$P(X=x_1)$	$P(X=x_2)$	$\cdots$	$P(X=x_n)$	1

예를 들어, 앞서 언급한 동전 2개를 동시에 던지는 시행에서, 뒷면이 나오는 동전의 개수 X의 확률분포를 그림으로 나타내면 다음과 같다.

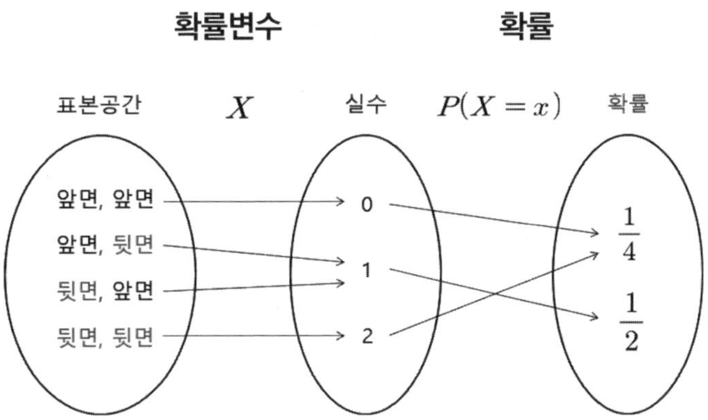

이때, 이산확률변수 X가 x_1, x_2, ..., x_n의 값을 취할 때 확률 $P(X=x_i)$을 대응시키는 함수 $f(x)$를 확률변수 X의 **확률질량함수**(probability mass function)라 한다. 즉

$$f(x)=\begin{cases} P(X=x_i), & x=x_1, x_2, \ldots, x_n \\ 0, & \text{그 외의 값} \end{cases}$$

이다. 확률질량함수는 다음과 같은 성질이 있다.

① $0 \le f(x_i) \le 1 \quad (i=1, 2, \cdots, n)$

② $f(x_1)+f(x_2)+\cdots+f(x_n)=\sum_{i=1}^{n} f(x_i)=1$

③ X가 이산확률변수일 때 $a \le X \le b$일 확률은 $P(a \le X \le b)=\sum_{a \le x \le b} f(x)$

이다.

10.7 연속확률분포(여기서 적분의 지식이 필요하다.)

확률변수 X가 어떤 범위에 속하는 모든 실수를 취할 때, X를 **연속확률변수**라 한다. 연속확률변수의 경우, 특정한 x값을 취할 확률 $P(X=x)$가 항상 0이므로, 확률질량함수를 이용하여 확률분포를 나타내는 것은 아무 의미가 없다. 그래서 **확률밀도함수**(probability density function)를 새로 정의하여 **연속확률분포**를 나타낸다.

연속확률변수 X에 대하여 함수 $f(x)$가 다음 성질을 만족하면 $f(x)$를 X의 확률밀도함수라 한다.(확률질량함수의 성질에 대응되는 개념이라고 이해할 수 있다.)

① 모든 실수 x에 대하여 $f(x) \geq 0$ 이다.

② $\int_{-\infty}^{\infty} f(x)dx = 1$

③ $P(a \leq X \leq b) = P(a < X \leq b)$

$$= P(a \leq X < b) = P(a < X < b) = \int_{a}^{b} f(x)dx$$

따라서 확률 $P(a \leq X \leq b)$는 아래 그림에서 **색깔로 표시한 부분의 넓이**와 같다. 이때 구간의 끝점(a와 b)이 범위에 포함되는지의 여부는 관계가 없다.

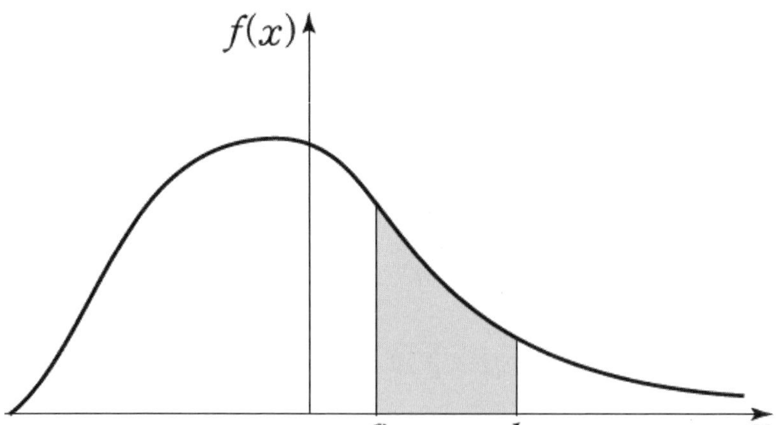

참고 여기서 '밀도(density)'라는 단어가 어떻게 쓰이게 되었을까? 확률을 일종의 양(질량)으로 보고, 구간의 길이를 일종의 부피로 본다면, [확률/구간의 길이]×[구간의 길이]= [확률]이므로 [확률/구간의 길이]는 **[질량/부피]가 되므로 '밀도'를 의미**하게 된다. 이런 이유로 **'확률밀도함수'**라는 용어가 사용되었다.

[참고자료] 이산확률분포 https://youtu.be/Fq7D7bGG_cE

[참고자료] 연속확률분포 https://youtu.be/4wx1raETI8o

[참고자료] 적분법 강의 https://youtu.be/62OxYG7VMsE

11 기댓값, 분산, 공분산, 상관계수, 공분산 행렬

11.1 기댓값, 분산, 표준편차 http://matrix.skku.ac.kr/math4ai-intro/W11/

확률변수의 **기댓값**(expectation)은 **확률적 사건에 대한 평균값**으로, 사건이 일어나서 얻는 값과 그 사건이 일어날 확률을 곱한 것을 모든 사건에 대해 합한 값이다. 이것은 어떤 확률적 사건에 대한 평균의 의미를 갖는다. 확률변수의 **분산**(variance)은 그 확률변수가 기댓값으로부터 얼마나 떨어진 곳에 분포하는지를 가늠하는 수이고, **표준편차**(standard deviation)는 분산의 양의 제곱근으로 정의된다.

이산확률변수 X의 기댓값과 분산, 표준편차는 다음과 같이 계산한다.

(1) **기댓값**: $E(X) = \mu = \sum_i x_i f(x_i)$

(2) **분산**: $V(X) = \sigma^2 = \sum_i (x_i - \mu)^2 f(x_i) = E(X^2) - \mu^2$

(3) **표준편차**: $S(X) = \sigma = \sqrt{V(X)} = \sqrt{\sum_i (x_i - \mu)^2 f(x_i)}$

예제 1 확률변수 X의 확률분포가 다음과 같을 때, **기댓값과 분산, 표준편차**를 구하시오.

X	0	1	2	3	합(sum)
확률	0.010	0.840	0.145	0.005	1

[출처] http://matrix.skku.ac.kr/2018-album/R-Sage-Stat-Lab-2.html

풀이. 기댓값과 분산, 표준편차의 정의를 이용하여 아래와 같이 Sage 코드를 이용하여 구하면 된다.

```
-------- http://matrix.skku.ac.kr/KOFAC/ --------
var_x = [0, 1, 2, 3]  # 확률변수
prob_x = [0.010, 0.840, 0.145, 0.005] # 확률분포
E_x = sum(var_x[i]*prob_x[i] for i in range(4)) # 기대값
V_x = sum((var_x[i] - E_x)^2*prob_x[i] for i in range(4))  # 분산
S_x = sqrt(V_x)  # 표준편차
print("E(X) =", E_x.n(digits = 7))
print("V(X) =", V_x.n(digits = 7))
print("S(X) =", S_x.n(digits = 7))
------------------------------------------------------------------------
E(X) = 1.145000        # 기댓값    μ
V(X) = 0.1539750       # 분산      σ^2
S(X) = 0.3923965       # 표준편차  σ
```

R 코드로는 다음과 같이 구한다.

```
-------- http://matrix.skku.ac.kr/KOFAC/ - < R  명령어> --
x <- c(0, 1, 2, 3)                            # 확률변수
pr.x <- c (0.010, 0.840, 0.145, 0.005)        # 확률분포
e.x <- sum(x*pr.x)                            # 기대값
var.x <- sum((x^2)*pr.x) - e.x^2              # 분산
sd.x <- sqrt(var.x)                           # 표준편차
cat(e.x, var.x, sd.x)                         # 한 번에 여러 개 출력
------------------------------------------------------------------------
1.145          # 기댓값    μ
0.153975       # 분산      σ^2
0.3923965      # 표준편차  σ
```

■ 연속확률변수 X의 **기댓값과 분산, 표준편차**는 다음과 같이 계산한다.

(1) **기댓값** : $E(X) = \mu = \int_{-\infty}^{\infty} x f(x) dx$

(2) **분산** : $V(X) = \sigma^2 = \int_{-\infty}^{\infty} (x-\mu)^2 f(x) dx = E(X^2) - \mu^2$

(3) **표준편차** : $S(X) = \sigma = \sqrt{V(X)} = \sqrt{\int_{-\infty}^{\infty} (x-\mu)^2 f(x)dx}$

■ 기댓값, 분산에 대하여 다음 성질이 만족한다.

① $E(X+b) = E(X)+b$, $E(aX) = aE(X)$ $[E(aX+b) = aE(X)+b]$

② $V(X+b) = V(X)$, $V(aX) = a^2 V(X)$ $[V(aX+b) = a^2 V(X)]$

③ 확률변수 X에 대하여 새로운 확률변수 Z를 $Z = \dfrac{X-\mu}{\sigma}$로 정의하면, 위의 성질 ①, ②에 의해 평균과 분산이 항상 0과 1이다. 따라서 이 확률변수 Z를 확률변수 X의 **표준화 확률변수**(standardized random variable)라 한다.

예제 2 확률변수 X의 확률밀도함수가 $f(x) = 3x^2$, $0 < x < 1$일 때, X와 $Y = 4X+2$의 분산을 구하시오.

풀이. $E(X) = \mu = \int_0^1 3x^3\,dx = \left[\frac{3}{4}x^4\right]_0^1 = \frac{3}{4}$,

$$E(X^2) = \int_0^1 3x^4\,dx = \left[\frac{3}{5}x^5\right]_0^1 = \frac{3}{5}$$

$$\Rightarrow V(X) = \sigma^2 = E(X^2) - \mu^2 = \frac{3}{5} - \left(\frac{3}{4}\right)^2 = \frac{3}{80}$$

$$E(Y) = E(4X+2) = 4E(X)+2 = 4\times\frac{3}{4}+2 = 5$$

$$\Rightarrow V(Y) = V(4X+2) = V(4X) = 4^2 V(X) = 16\times\frac{3}{80} = \frac{3}{5}$$ ■

sage -------- http://matrix.skku.ac.kr/KOFAC/ --------

```
var('t')
f(t) = 3*t^2
Ex = integral(t*f(t), t, 0, 1)
Ex2 = integral(t^2*f(t), t, 0, 1)
print(Ex)                    # X의 평균
```

```
print(Ex2 - Ex^2)            # X의 분산
Ey = integral((4*t + 2)*f(t), t, 0, 1)
Ey2 = integral((4*t + 2)^2*f(t), t, 0, 1)
print(Ey)                    # Y = 4X + 2의 평균
print(Ey2 - Ey^2)            # Y의 분산
```

3/4

3/80 # X의 분산, $V(X)=\sigma^2=E(X^2)-\mu^2=\frac{3}{5}-\left(\frac{3}{4}\right)^2=\frac{3}{80}$

5

3/5 # $Y=4X+2$의 분산, $V(Y)=V(4X+2)=16V(X)=16\times\frac{3}{80}=\frac{3}{5}$ ■

◪ 열린 문제 2 다른 교재에서 찾은 연속확률변수 X의 **기댓값과 분산, 표준편차**를 구하시오.

11.2 결합 확률분포

확률변수가 두 개 이상 있는 경우에는 각각의 확률변수에 대한 확률분포 이외에도 확률분포 쌍이 가지는 복합적인 확률분포를 살펴보아야 한다. 두 확률변수 값의 쌍이 어떤 확률분포를 가지는지 안다면 둘 중 하나의 확률분포의 값을 알고 있을 때 다른 확률분포가 어떻게 되는지도 알 수 있다. 이를 위하여 **결합 확률분포**(또는 결합분포)에 대한 개념이 필요하다.

먼저 이산확률변수인 경우를 살펴보자.

(1) X와 Y가 이산확률변수이면, X와 Y의 **결합 확률함수**(joint probability function)는 다음과 같다.

$$p_{ij} = p(x_i, y_j) = P(X = x_i, Y = y_j) \quad (x_i,\ y_j \in \mathbb{R},\ i = 1,\ \ldots, s,\ j = 1,\ \ldots, t)$$

(2) X와 Y의 가능한 모든 값에 대하여 $p(x_i, y_i)$의 값을 나타낸 것을 **결합 확률분포** (joint probability distribution)라 한다. 이를 표로 나타내면 다음과 같다.

$X \backslash Y$	y_1	y_2	$\cdots$	y_t		합
x_1	p_{11}	p_{12}	$\cdots$	p_{1t}	$\rightarrow$	$P(X = x_1)$
x_2	p_{21}	p_{22}	$\cdots$	p_{2t}	$\rightarrow$	$P(X = x_2)$
$\vdots$	$\vdots$	$\vdots$	$\ddots$	$\vdots$	$\rightarrow$	$\vdots$
x_s	p_{s1}	p_{s2}	$\cdots$	p_{st}	$\rightarrow$	$P(X = x_s)$
	$\downarrow$	$\downarrow$	$\downarrow$	$\downarrow$		$\downarrow$
합	$P(Y = y_1)$	$P(Y = y_2)$	$\cdots$	$P(Y = y_t)$	$\rightarrow$	1

X에 관한 주변확률분포

Y에 관한 주변확률분포

(3) X, Y의 결합분포가 주어져 있을 때 **주변확률분포**(marginal probability distribution)는 다음과 같이 정의된다.

$$P(X = x_i) = \sum_{j=1}^{t} P(X = x_i,\ Y = y_j) = \sum_{j=1}^{t} p_{ij}$$

$$P(Y = y_j) = \sum_{i=1}^{s} P(X = x_i,\ Y = y_j) = \sum_{i=1}^{s} p_{ij}$$

즉, **주변확률분포**란 결합 확률분포에서 하나의 확률변수만 고려한 확률분포를 뜻한다.

결합 확률분포에 관하여 다음이 성립한다.

① 모든 x_i, y_j에 대하여 $p(x_i, y_j) \geq 0 \quad i, j = 1, 2, \cdots$

② 모든 x_i, y_j에 대하여 $p(x_i, y_j)$의 합은 1이다. 즉, $\sum_{i=1}^{s}\sum_{j=1}^{t} p(x_i, y_j) = 1$

③ 모든 x_i, y_j에 대하여 $P(a < X < b,\ \ c < Y < d) = \sum_{a<x<b} \sum_{c<y<d} p(x_i, y_j)$

예제 3 크기가 같은 파란 색 공 3개와 붉은 색 공 2개와 녹색 공 3개가 한 주머니 안에 들어 있다. 이 주머니에서 임의로 2개의 공을 꺼낸다. 꺼낸 공(ball) 중 파란색 공의 수를 X, 붉은 색 공의 수를 Y라 할 때 다음 물음에 답하시오.

① X와 Y의 결합 확률함수를 구하여라.

② 결합 확률분포(joint probability distribution) [표]를 작성하여라.

③ $P(X+Y \leq 1)$을 구하여라.

④ X의 주변분포를 구하여라.

⑤ Y의 주변분포를 구하여라.

풀이. 결합분포, 주변분포의 정의에 의해 각각을 계산하면 다음과 같다.

① 과 ② $p(x_i, y_j) = \dfrac{{}_3C_x\, {}_2C_y\, {}_3C_{2-x-y}}{{}_8C_2} \quad (x = 0, 1, 2 \ :\ y = 0, 1, 2 \ :\ 0 \leq x + y \leq 2)$

$$P(X=0, Y=0) = \frac{{}_3C_0\, {}_2C_0\, {}_3C_2}{{}_8C_2} = \frac{3}{28}$$

$$P(X=0, Y=1) = \frac{{}_3C_0\, {}_2C_1\, {}_3C_1}{{}_8C_2} = \frac{6}{28} = \frac{3}{14}$$

$$P(X=1, Y=0) = \frac{{}_3C_1\, {}_2C_0\, {}_3C_1}{{}_8C_2} = \frac{9}{28}$$

$$P(X=1, Y=1) = \frac{{}_3C_1\, {}_2C_1\, {}_3C_0}{{}_8C_2} = \frac{6}{28} = \frac{3}{14}$$

$$\vdots$$

X \ Y	0	1	2	합
0	$\frac{3}{28}$	$\frac{3}{14}$	$\frac{1}{28}$	$\frac{5}{14}=P(X=0)$
1	$\frac{9}{28}$	$\frac{3}{14}$	0	$\frac{15}{28}$
2	$\frac{3}{28}$	0	0	$\frac{3}{28}$
합	$\frac{15}{28}=P(Y=0)$	$\frac{3}{7}$	$\frac{1}{28}$	1

③ $P(X+Y\leq 1)=p(0,0)+p(0,1)+p(1,0)=\frac{3}{28}+\frac{3}{14}+\frac{9}{28}=\frac{9}{14}$

④ $P(X=0)=p(0,0)+p(0,1)+p(0,2)=\frac{3}{28}+\frac{3}{14}+\frac{1}{28}=\frac{5}{14}$

$P(X=1)=p(1,0)+p(1,1)+p(1,2)=\frac{9}{28}+\frac{3}{14}+0=\frac{15}{28}$

$P(X=2)=p(2,0)+p(2,1)+p(2,2)=\frac{3}{28}+0+0=\frac{3}{28}$

X	0	1	2	합
$P(X=x_i)$	$\frac{5}{14}$	$\frac{15}{28}$	$\frac{3}{28}$	1

⑤ $P(Y=0)=p(0,0)+p(1,0)+p(2,0)=\frac{3}{28}+\frac{9}{28}+\frac{3}{28}=\frac{15}{28}$

$P(Y=1)=p(0,1)+p(1,1)+p(2,1)=\frac{3}{14}+\frac{3}{14}+0=\frac{3}{7}$

$P(Y=2)=p(0,2)+p(1,2)+p(2,2)=\frac{1}{28}+0+0=\frac{1}{28}$

Y	0	1	2	합
$P(Y=y_j)$	$\frac{15}{28}$	$\frac{3}{7}$	$\frac{1}{28}$	1

◆ 여러 개의 연속확률변수에 대하여는 다음과 같은 **결합밀도함수**를 이용하여 결합 확률분포를 나타낸다.

◆ 연속확률변수 X와 Y의 **결합밀도함수**(joint density function) $f(x, y)$는 다음과 같이 정의된다. [여기서 이중적분이 사용된다. 중적분 강의, https://youtu.be/T1z_GYt85rI]

① 모든 x, y에 대하여 $f(x,y) \geq 0$ 이다.

② 모든 x, y에 대하여 (x에 대해 적분한 후, y에 대해 적분)

$$\int_{-\infty}^{\infty} \int_{-\infty}^{\infty} f(x,y)\, dx\, dy = 1$$ 이다.

③ 모든 x, y에 대하여 $P(a < X < b,\ c < Y < d) = \int_c^d \int_a^b f(x,y)\, dx\, dy$ 이다.

④ (X, Y)가 xy 평면상의 임의의 영역 A에 들어갈 확률은 다음과 같이 주어진다.

$$P\{(X, Y) \in A\} = \int \int_A f(x,y)\, dx\, dy$$

⑤ X와 Y의 **주변확률밀도함수**(marginal probability density function)는 각각 다음과 같이 정의된다.

$$f_X(x) = \int_{-\infty}^{\infty} f(x, y) dy, \quad f_Y(y) = \int_{-\infty}^{\infty} f(x, y) dx$$

* **예제 4** 두 확률변수 X, Y의 결합밀도함수가 다음과 같이 주어져 있다고 하자.

$$f(x, y) = x + y, \quad 0 < x < 1, \quad 0 < y < 1$$

X와 Y의 주변밀도함수를 각각 구하시오.

풀이. 정의에 의해 구하면 다음과 같다.

$$f_X(x) = \int_0^1 (x+y) dy = \left[xy + \frac{1}{2} y^2 \right]_0^1 = x + \frac{1}{2}, \quad 0 < x < 1$$

$$f_Y(y) = \int_0^1 (x+y) dx = \left[\frac{1}{2} x^2 + xy \right]_0^1 = y + \frac{1}{2}, \quad 0 < y < 1$$

```
--------  http://matrix.skku.ac.kr/KOFAC/  --------
var( 'x, y' )
f( x, y ) = x + y
print( "f_X(x) =" , integral( f(x, y), y, 0, 1))  # X의 주변밀도함수
print( "f_Y(y) =" , integral( f(x, y), x, 0, 1))  # Y의 주변밀도함수
------------------------------------------------------------------------
f_X(x) = x + 1/2      # X의 주변밀도함수
f_Y(y) = y + 1/2      # Y의 주변밀도함수
```
■

[참고자료] 확률변수, 기댓값 https://youtu.be/SUsZHarQqqg

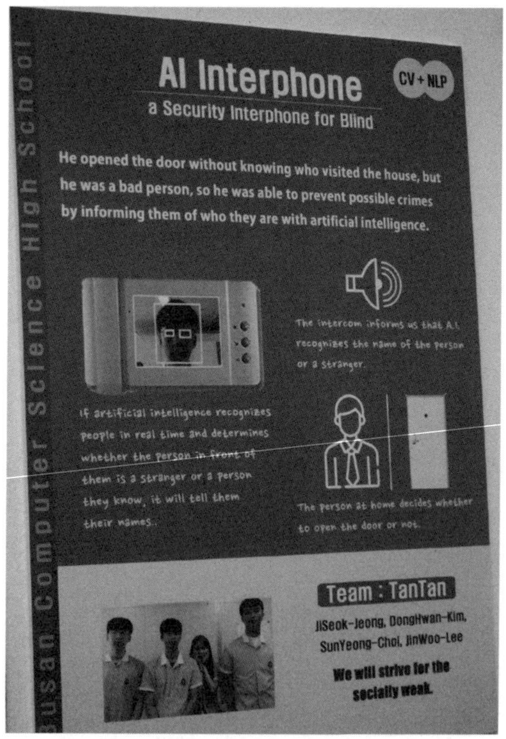

[고등학생들의 AI 인터폰 프로젝트 발표, 2019/12]

*11.3 공분산, 상관계수

하나의 확률변수 X가 갖는 분포를 이해하기 위해서 첫 번째로 사용하는 것은 평균이다. 평균을 이용하면 분포에 관한 정보를 하나의 숫자(분포의 중간부분)로 나타낼 수 있다. 두 번째로 사용하는 개념은 분산이다. 분산을 이용하면 분포가 평균으로부터 얼마나 퍼져있는지를 나타낸다.

그렇다면 **확률변수가 2개인 확률분포를 이해하기 위해 어떤 방법이 필요할까?** 가장 먼저 X의 평균과 Y의 평균 각각을 생각할 수 있다. 그 다음으로 분산을 이용하여 각 확률변수가 얼마나 퍼져 있는지를 알 수 있다. 그러나 확률변수 간의 상관관계를 알기 위해서는 **공분산**(covariance)의 개념이 필요하다.

확률변수 X와 Y의 공분산은 다음과 같이 정의된다.

$$Cov(X,\ Y) = \sigma_{xy} = E[(X-\mu_x)(Y-\mu_y)] = E(XY) - \mu_x\mu_y$$

즉 공분산은 X의 편차와 Y의 편차를 곱한 것의 평균이다. 그런데 공분산도 X와 Y의 단위의 크기에 영향을 받는다는 문제점이 있다. 이것을 보완하기 위해 **상관계수**(correlation)를 사용한다. 상관계수라는 개념은 확률변수의 절대 크기에 영향을 받지 않도록 각 확률변수의 표준편차로 나누어 표준화 시킨 것이라고 생각하면 된다.

확률변수 X와 Y 사이의 **상관계수**(correlation)는 다음과 같이 정의된다.

$$Corr(X,\ Y) = \rho = \frac{Cov(X,\ Y)}{S(X)S(Y)} = \frac{E[(X-\mu_x)(Y-\mu_y)]}{\sqrt{E(X-\mu_x)^2 \cdot E(Y-\mu_y)^2}}$$

11.4 공분산 행렬(covariance matrix)

행렬을 이용하면 여러 개의 확률변수가 서로 어떤 관계를 가지는지를 쉽게 표현할 수 있다. 특히, 각 데이터의 분산과 공분산을 이용해 만드는 공분산 행렬이 이에 해당한다.

p개의 확률변수를 $\{X_1, \ldots, X_p\}$에 대한 **공분산 행렬**(covariance matrix)은 (i, j)성분이 $i \neq j$일 때는 i번째 확률변수 x_i와 j번째 확률변수 x_j 사이의 공분산 σ_{ij}으로, $i = j$일 때는 i번째 확률변수의 분산 $\sigma_{ii} = \sigma_i^2$으로 하는 $p \times p$ 행렬로 정의하고 Σ로 표기한다.

$$\Sigma = \begin{bmatrix} Var(X_1) & Cov(X_1, X_2) & \cdots & Cov(X_1, X_p) \\ Cov(X_2, X_1) & Var(X_2) & \cdots & Cov(X_2, X_p) \\ \vdots & \vdots & \ddots & \vdots \\ Cov(X_p, X_1) & Cov(X_p, X_2) & \cdots & Var(X_p) \end{bmatrix} = \begin{bmatrix} \sigma_1^2 & \sigma_{12} & \cdots & \sigma_{1p} \\ \sigma_{21} & \sigma_2^2 & \cdots & \sigma_{2p} \\ \vdots & \vdots & \ddots & \vdots \\ \sigma_{p1} & \sigma_{p2} & \cdots & \sigma_p^2 \end{bmatrix}$$

쉽게 말하면, 정사각행렬의 성분을 각 변수의 분산(주대각선)과 공분산으로 채운 것이 바로 공분산 행렬이다.

공분산 행렬은 아래 그림과 같이 데이터의 분포를 나타낸다고 볼 수 있다.

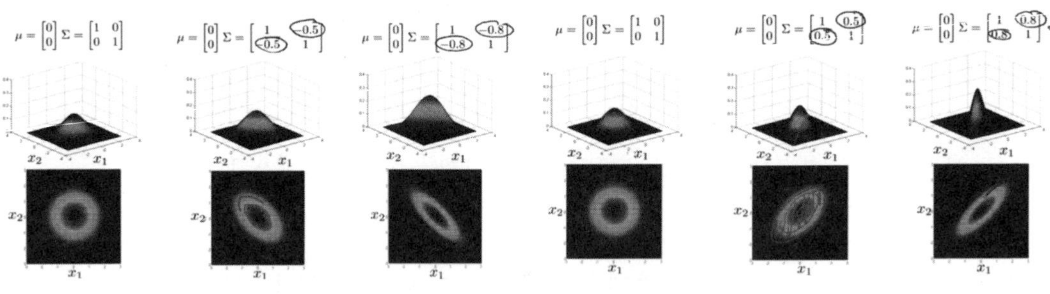

[그림 출처] https://www.ritchieng.com/machine-learning-anomaly-detection/

예제 5 표본 자료가 다음과 같이 주어져 있을 때 **(표본) 공분산 행렬**을 구하여라.

A	1	2	3	4	5	6
B	2	3	5	6	1	9
C	3	5	5	5	10	8
D	10	20	30	40	50	55
E	7	8	9	4	6	10

Sage 코드와 R 코드를 이용하여 **(표본) 공분산 행렬**을 구한다.

Sage -------- http://matrix.skku.ac.kr/KOFAC/ --------

```
X = matrix([[1, 2, 3, 4, 5, 6],
            [2, 3, 5, 6, 1, 9],
            [3, 5, 5, 5, 10, 8],
            [10, 20, 30, 40, 50, 55],
            [7, 8, 9, 4, 6, 10]])
n, p = X.nrows(), X.ncols()  # n은 행의 개수, p는 열의 개수
X_ctr = zero_matrix(RDF, n, p)  # 행렬 준비
import numpy as np
for row in range(n):
    v = np.array(X.row(row))
    m = mean(v)
    for col in range(p):
        X_ctr[row, col] = X[row, col] - m

# 공분산 행렬
print("Covariance_Matrix =")
print(1/(p - 1)*X_ctr*X_ctr.transpose().n(digits = 7))
```

```
Covariance_Matrix =                                        # 공분산 행렬
[ 3.500000   3.000000   4.000000   32.50000 0.4000000]
[ 3.000000   8.666667 0.4000000    25.33333  2.466667]
[ 4.000000 0.4000000    6.400000   38.00000 0.4000000]
[ 32.50000   25.33333   38.00000   304.1667  1.333333]
[0.4000000   2.466667 0.4000000    1.333333  4.666667]
```
■

sage 공분산 행렬을 생성하는 R 코드 실습

-------- http://matrix.skku.ac.kr/KOFAC/ - 〈 R 명령어〉 --

참고 https://stats.seandolinar.com/making-a-covariance-matrix-in-r/

```
# 표본 자료 create vectors
a <- c(1,2,3,4,5,6)
b <- c(2,3,5,6,1,9)
c <- c(3,5,5,5,10,8)
d <- c(10,20,30,40,50,55)
e <- c(7,8,9,4,6,10)

# create matrix from vectors
M <- cbind(a,b,c,d,e)
cov(M)                                    # 공분산 행렬
```

◪ 열린 문제 3 다른 교재에서 찾은 **표본 자료(데이터)**의 공분산행렬을 구하시오.

참고 공분산 행렬은 고차원 데이터의 분포를 최대한 유지하면서 차원을 효과적으로 줄이는 **차원축소**(dimension reduction)에서 중요한 역할을 한다. 대표적인 기법으로는 **주성분 분석**(principal component analysis, PCA)이 있다. 주성분을 계산할 때는 **특잇값 분해**(SVD)가 주로 사용된다. (자세한 내용은 대학수학에서 다룬다.)

과제

열린 문제 1 베이즈 정리(Bayes' theorem)가 적용되는 예의 하나인 조건부 확률에 관한 몬티홀(Monty Hall) 문제에 대하여 토론하시오.

https://destrudo.tistory.com/5

https://ko.wikipedia.org/wiki/몬티_홀_문제

열린 문제 2 다른 교재에서 찾은 연속확률변수 X의 기댓값과 분산, 표준편차를 구하시오.

열린 문제 3 다른 교재에서 찾은 데이터의 공분산행렬을 구하시오.

V

주성분 분석과 인공신경망

12 주성분 분석

12.1 차원축소 http://matrix.skku.ac.kr/math4ai-intro/W12/

다음은 1974년 Motor Trend magazine에 실린 1973년~74년도에 출시된 자동차의 특성을 기술하고 정량화하는 11가지 변수에 관한 데이터의 일부이다.

	mpg	cyl	disp	hp	drat	wt	qsec	vs	am	gear	carb
Mazda RX4	21.0	6	160	110	3.90	2.620	16.46	0	1	4	4
Mazda RX4 Wag	21.0	6	160	110	3.90	2.875	17.02	0	1	4	4
Datsun 710	22.8	4	108	93	3.85	2.320	18.61	1	1	4	1
Hornet 4 Drive	21.4	6	258	110	3.08	3.215	19.44	1	0	3	1
Hornet Sportabout	18.7	8	360	175	3.15	3.440	17.02	0	0	3	2
Valiant	18.1	6	225	105	2.76	3.460	20.22	1	0	3	1
...											

[출처] Robert Reris and J. Paul Brooks, Principal Component Analysis and Optimization: A Tutorial, 14th INFORMS Computing Society Conference, Richmond, Virginia, January 11-13, 2015, pp. 212-225. http://www.people.vcu.edu/~jpbrooks/pcatutorial/

표에서 보듯이 자동차 한 대에 관한 데이터는 11차원의 벡터로 표현된다. 이와 같은 고차원의 데이터는 계산과 시각화가 어려워 분석하기가 쉽지 않다. 따라서 **원 데이터의 분포를 가능한 유지하면서 데이터의 차원을 줄이는 것이 필요**하다. 이를 **차원 축소**(dimensionality reduction)라 한다. 물론 필요한 일부 변수의 데이터만 뽑아서 사용할 수도 있지만(feature selection), 변수들 사이에 어떤 밀접한 관계가 있는지는 미리 알 수가 없어서 이 경우 원 데이터의 분포를 잘 반영한다고 볼 수는 없다.

12.2 주성분 분석(PCA)

주성분 분석(Principal Component Analysis, PCA)은 가장 널리 사용되는 차원 축소 기

법 중 하나로, **원 데이터의 분포를 최대한 보존하면서 고차원 공간의 데이터들을 저차원 공간으로 변환**한다. **주성분 분석의 목표는 관련 '공분산 행렬로 부터 얻은 정보'를 최대한 보존하는 '훨씬 더 적은 개수의 새로운 변수들'을 찾으려는 것이다.**

PCA는 기존의 변수를 조합하여 서로 연관성이 없는 새로운 변수, 즉 **주성분**(principal component, PC)들을 만들어 낸다. 첫 번째 주성분 PC1이 원 데이터의 분포를 가장 많이 보존하고, 두 번째 주성분 PC2가 그 다음으로 원 데이터의 분포를 많이 보존하는 식이다. **앞서 언급한 11차원의 데이터**의 경우 기존의 변수들을 조합하여 같은 개수(11개)의 주성분을 만들 수 있는데, 만일 PC1, PC2, PC3가 원 데이터의 분포(성질)의 약 90%를 보존한다면, 10% 정도의 정보는 잃어버리더라도, 합리적인 분석에 큰 무리가 없으므로, PC1, PC2, PC3만 택하여 **3차원 데이터로 차원을 줄일 수 있다.** 이 경우 계산과 시각화가 용이하여 데이터를 쉽게 분석할 수 있다.

◆ **주성분을 구하기 위해서는 새로운 축을 찾아야 하는데, 이를 주축**(principal axis) **또는 주방향**(principal direction)**이라고 한다.** 첫 번째 축은 원 데이터를 이 축 상에 정사영할 때, 얻어진 (새로운) 데이터들의 분포가 가장 최대가 되도록 정한다. 아래는 주어진 2차원 데이터(왼쪽 그림)를 첫 번째 축을 찾아 정사영한 그림(오른쪽 그림)이다. 이때 정사영 된 데이터들이 PC1을 이루게 된다.

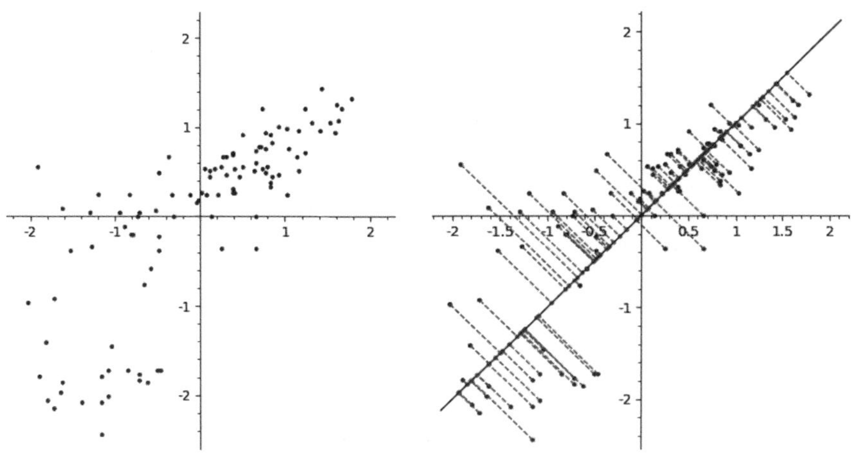

[출처] (센터링된) 컴퓨터과학 전공생 105명의 고등학교 성적(GPA)과 대학교 성적(GPA) 데이터
http://onlinestatbook.com/2/regression/intro.html
http://onlinestatbook.com/2/case studies/sat.html

두 번째 축도 마찬가지로 원 데이터를 이 축 상에 정사영할 때, 얻어진 (새로운) 데이터들의 분포가 PC1 다음으로 가장 최대가 되어야 한다. 그리고 PC1과 PC2가 서로 관계가 없도록 두 번째 축은 첫 번째 축과 관계가 없도록 직교(orthogonal)하여야 한다. 그 이유는 다음과 같다. 앞서 차원 축소를 소개할 때 필요한 일부 변수의 데이터만 뽑을 수도 있다고 하였으나 이런 경우 변수들 사이에 어떤 밀접한 관계가 있는지는 미리 알 수 없어 변수 간에 어떤 영향을 미치는지 파악할 수가 없다. 주성분 분석은 이를 방지하기 위해서 관계가 있는 변수끼리는 각 주성분에 모이도록 하고, 주성분들 사이에는 서로 관계가 없도록 한다. 이는 **서로 다른 주축이 직교하는 것**으로 나타난다. **(여기에 정규직교화법과 행렬의 대각화가 이용된다.)**

아래 왼쪽 그림은 주어진 2차원 데이터를 두 번째 축을 찾아 정사영한 그림이다. 이때 정사영 된 데이터들이 PC2을 이루게 된다. 그리고 첫 번째 주축을 x축, 두 번째 주축을 y축으로 놓고 데이터를 정사영 시키면 오른쪽 그림과 같다. 이로부터 첫 번째 주축을 따라 정사영 된 데이터의 분포가 훨씬 큼을 직관적으로 확인할 수 있다.

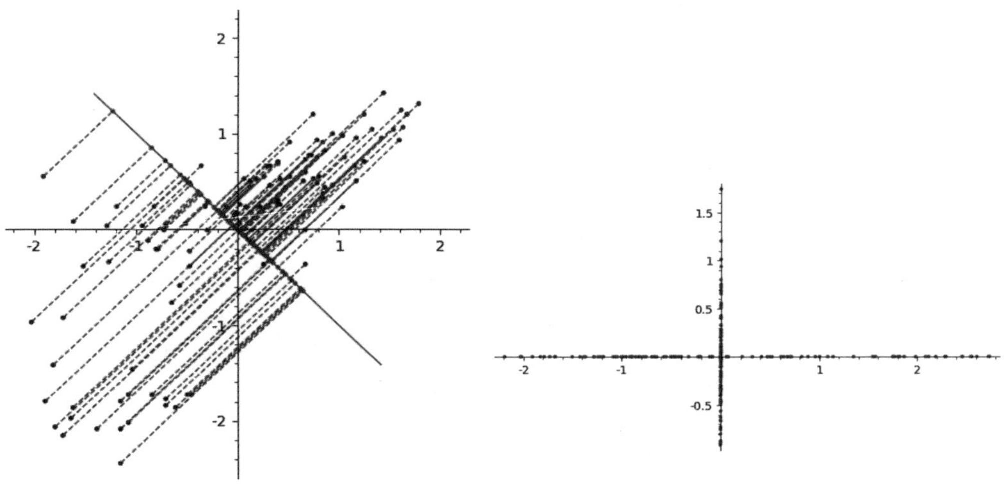

12.3 주성분 분석의 계산

이제 주성분을 실제로 계산하는 방법에 대하여 살펴보자.

X를 $n\times p$의 데이터 행렬(data matrix)이라 하자. 여기서 n은 표본(sample)의 개수이고, p는 데이터의 특성(feature)을 나타내는 확률변수 $\{x_1, \ldots, x_p\}$의 개수이다. **[통계학에서는 일반적으로 데이터 행렬 와 구분하기 위하여 대문자 확률변수 $\{X_1, \ldots, X_p\}$ 대신에 간단하게 소문자 $\{x_1, \ldots, x_p\}$ 를 쓴다.]** 데이터 행렬 X의 (i, j) 성분 x_{ij}는 i번째 표본의 j번째 확률변수 x_j에 대한 하나의 데이터를 의미하고, j열 $X^{(j)}$는 확률변수 x_j가 갖는 모든 데이터를 의미한다.

확률변수 $\quad x_1 \quad x_2 \quad \cdots \quad x_p$

$$X=\begin{bmatrix} \boxed{\begin{matrix} x_{11} \\ \vdots \\ x_{n1} \end{matrix}} & \begin{matrix} x_{12} \\ \vdots \\ x_{n2} \end{matrix} & \begin{matrix} \cdots \\ \\ \cdots \end{matrix} & \begin{matrix} x_{1p} \\ \vdots \\ x_{np} \end{matrix} \end{bmatrix}_{n\times p}$$

x_1의 모든 데이터

위의 X를 **센터링**(centering, 확률변수의 평균을 0으로 조정)하여, $\widetilde{X}$ 를 정의하자. 이를 위해

① X의 각 열(하나의 확률변수가 갖는 데이터)의 평균을 구한다. 확률변수 x_j의 평균은 $\overline{x_j}$로 표기한다.

$$\overline{x_1} = \frac{1}{n}(x_{11} + x_{21} + \cdots + x_{n1}),\ \ldots,\quad \overline{x_p} = \frac{1}{n}(x_{1p} + x_{2p} + \cdots + x_{np}).$$

② 각 열별로 데이터에서 (열의) 평균을 뺀다. 이 행렬을 센터링된 행렬 $\widetilde{X}$ 라 한다.

$$\widetilde{X} = X - \begin{bmatrix} \overline{x_1} & \overline{x_2} & \cdots & \overline{x_p} \\ \vdots & \vdots & & \vdots \\ \overline{x_1} & \overline{x_2} & \cdots & \overline{x_p} \end{bmatrix} = \begin{bmatrix} x_{11} & x_{12} & \cdots & x_{1p} \\ \vdots & \vdots & & \vdots \\ x_{n1} & x_{n2} & \cdots & x_{np} \end{bmatrix} - \begin{bmatrix} \overline{x_1} & \overline{x_2} & \cdots & \overline{x_p} \\ \vdots & \vdots & & \vdots \\ \overline{x_1} & \overline{x_2} & \cdots & \overline{x_p} \end{bmatrix}$$

여기서 센터링된 행렬 $\widetilde{X}$ 의 각 열의 평균은 0이 된다. 이런 이유로 센터링된 행렬을 mean-centered 행렬이라 부른다. 앞으로 주어진 데이터 행렬 X는 이미 센터링이 되어 있는 행렬이라고 가정하자.

③ X의 특잇값 분해(SVD)를 구한다.

$$X = \begin{bmatrix} \mathbf{u}_1 & \mathbf{u}_2 & \cdots & \mathbf{u}_k & \mathbf{u}_{k+1} & \cdots & \mathbf{u}_n \end{bmatrix} \left[\begin{array}{cccc|ccc} s_1 & 0 & \cdots & 0 & 0 & \cdots & 0 \\ 0 & s_2 & \cdots & 0 & 0 & \cdots & 0 \\ \vdots & \vdots & \ddots & \vdots & \vdots & & \vdots \\ 0 & 0 & \cdots & s_k & 0 & \cdots & 0 \\ \hline 0 & 0 & \cdots & 0 & s_{k+1} & \cdots & 0 \\ \vdots & \vdots & & \vdots & \vdots & \ddots & \vdots \\ 0 & 0 & \cdots & 0 & 0 & \cdots & s_p \\ \hline 0 & 0 & \cdots & 0 & 0 & \cdots & 0 \\ \vdots & \vdots & & \vdots & \vdots & & \vdots \\ 0 & 0 & \cdots & 0 & 0 & \cdots & 0 \end{array}\right] \begin{bmatrix} \mathbf{v}_1^T \\ \mathbf{v}_2^T \\ \vdots \\ \mathbf{v}_p^T \end{bmatrix}$$

$$= USV^T = U\begin{bmatrix} S_1 \\ O \end{bmatrix} V^T = \sum_{i=1}^{p} s_i \, \mathbf{u}_i \, \mathbf{v}_i^T$$

여기서 U, V는 직교행렬이고, S_1는 크기 순서대로 배열된 특잇값(singular value) $s_1 \geq s_2 \geq \cdots \geq s_p \geq 0$을 주대각선 성분으로 하는 $p \times p$ 대각선행렬 $S_1 = \mathrm{diag}\,(s_1, ..., s_p)$ 이다.

④ V의 열벡터가 주축(principal axis)이 된다.

⑤ $Z = US$의 열벡터들이 원 데이터를 주축에 정사영하여 얻어진 **주성분 점수**(principal component score, PC score)가 된다.

⑥ 특잇값 s_i를 이용하여 계산한 $\frac{s_i^2}{n}$은 i번째 PC(**주성분**)의 분산이 되고 $\frac{s_i^2}{s_1^2+\cdots+s_p^2}$은 i번째 PC가 원 데이터의 분포를 보존하는 비율이다. 각 PC(**주성분**)별로 원 데이터의 분포를 보존하는 비율을 계산한 후, 주어진 **데이터의 차원을 얼마나 축소할지를 결정한다.**

⑦ **데이터를 p 차원에서 k ($\ll p$) 차원으로 줄이기 위하여,** U의 처음 k개의 열벡터 (U_k)와 S의 k번째 선행 주 부분행렬(leading principal submatrix) (S_k)을 택하면, U_kS_k는 처음 k개의 PC(주성분)를 포함하는 $n\times k$행렬이 된다.

$$Z_k = U_kS_k = [\mathbf{u}_1\ \mathbf{u}_2\ \cdots\ \mathbf{u}_k]\begin{bmatrix} s_1 & & & \\ & s_2 & & \\ & & \ddots & \\ & & & s_k \end{bmatrix}.$$

◪ 열린 문제 1 주성분분석에서 특잇값분해(SVD)가 어떻게 사용되는지 설명해 보시오.

12.4 주성분 분석 사례

이제 PCA 사례를 살펴보자. 자료의 출처는 다음과 같다.

[출처] http://yatani.jp/teaching/doku.php?id=hcistats:PCA

이를 Sage에서 R 코드로 구현한 자료는 http://math1.skku.ac.kr/home/pub/212/ 에서 확인할 수 있다.

사람들이 새 컴퓨터를 선택할 때 관심을 갖는 아래 사항에 관하여 척도가 7점인 4문항의 **리커트**(Likert) **설문 조사**를 16명에게 실시하였다.

(1: 매우 그렇지 않다 - 7: 매우 그렇다)

Price	가격이 저렴하다.
Software	운영체제가 사용하려는 소프트웨어와 호환된다.
Aesthetics	디자인이 매력적이다.
Brand	유명 브랜드의 제품이다.

설문조사로 얻은 데이터를 가지고 아래 Sage 코드를 이용하여 PCA를 진행하였다.

-------- http://matrix.skku.ac.kr/KOFAC/ --------

```
# 데이터 행렬을 입력한다.
# 각 열은 변수 Price, Software, Aesthetics, Brand에 해당하는 데이터를 의미한다.
# data matrix
X = matrix(RDF, [[6, 5, 3, 4], [7, 3, 2, 2], [6, 4, 4, 5], [5, 7, 1, 3],
                 [7, 7, 5, 5], [6, 4, 2, 3], [5, 7, 2, 1], [6, 5, 4, 4],
                 [3, 5, 6, 7], [1, 3, 7, 5], [2, 6, 6, 7], [5, 7, 7, 6],
                 [2, 4, 5, 6], [3, 5, 6, 5], [1, 6, 5, 5], [2, 3, 7, 7]])
print("X =")
print(X)
print()  # 한 줄 비움

# 데이터 행렬을 센터링(centering, 각 열의 평균을 0으로)한다.
# 본 예제에서는 센터링 한 후에 다시 각 열을 해당 확률변수의 표준편차로 나누었다.
# 이를 scaling이라 하는데, 필요에 따라 scaling도 진행할 수 있다.

n = X.nrows()  # 행의 개수
p = X.ncols()  # 열의 개수
X_ctr = zero_matrix(RDF, n, p)  # 센터링된 행렬을 위해 메모리 준비

import numpy as np

# 센터링
for col in range(p):
```

```
    v = np.array(X.column(col))
    m = mean(v)
    st = std(v)

    for row in range(n):

        X_ctr[row,col] = (X[row,col] - m)/st

# X_ctr는 센터링된 행렬
print("X_ctr =")
print(X_ctr.n(digits = 4))
print() # 한 줄 비움



# 특잇값 분해(SVD).  X_ctr = U*S*V.transpose()
U, S, V = X_ctr.SVD()

Var_PC = [(S[i, i]^2/n).n(digits = 4) for i in range(p)]  # PC의 분산
Prop_Var = [100*Var_PC[i]/sum(Var_PC) for i in range(p)]  # 분산의 비율
print("PC의 분산        ", Var_PC)
print("분산의 비율      ", Prop_Var)
print() # 한 줄 비움

# Scree Plot. 분산을 시각적으로 보여줌. 몇 차원으로 줄일지 결정.
show(list_plot(Var_PC, plotjoined = True, color = 'red', axes_labels = ['',
'Variances']))
print() # 한 줄 비움



# PC score를 계산한다.  Z = U*S
PC_score = U*S
PC12 = PC_score[:, 0:2]  # 시각화를 위해 첫 번째, 두 번째 성분까지만 사용

# 데이터를 평면에 시각화 한다.
```

```
point([PC12.row(i) for i in range(n)], color = 'red')
-----------------------------------------------------------------
X =
[6.0 5.0 3.0 4.0]
[7.0 3.0 2.0 2.0]
[6.0 4.0 4.0 5.0]
[5.0 7.0 1.0 3.0]
[7.0 7.0 5.0 5.0]
[6.0 4.0 2.0 3.0]
[5.0 7.0 2.0 1.0]
[6.0 5.0 4.0 4.0]
[3.0 5.0 6.0 7.0]
[1.0 3.0 7.0 5.0]
[2.0 6.0 6.0 7.0]
[5.0 7.0 7.0 6.0]
[2.0 4.0 5.0 6.0]
[3.0 5.0 6.0 5.0]
[1.0 6.0 5.0 5.0]
[2.0 3.0 7.0 7.0]

X_ctr =
[  0.8485 -0.04218  -0.7500  -0.3866]
[   1.317   -1.392   -1.250   -1.511]
[  0.8485  -0.7170  -0.2500   0.1757]
[  0.3804    1.307   -1.750  -0.9489]
[   1.317    1.307   0.2500   0.1757]
[  0.8485  -0.7170   -1.250  -0.9489]
[  0.3804    1.307   -1.250   -2.074]
[  0.8485 -0.04218  -0.2500  -0.3866]
[ -0.5559 -0.04218   0.7500    1.300]
[  -1.492   -1.392    1.250   0.1757]
[  -1.024   0.6327   0.7500    1.300]
[  0.3804    1.307    1.250   0.7380]
[  -1.024  -0.7170   0.2500   0.7380]
[ -0.5559 -0.04218   0.7500   0.1757]
[  -1.492   0.6327   0.2500   0.1757]
```

[-1.024 -1.392 1.250 1.300]

PC의 분산 [2.278, 0.9011, 0.4356, 0.1348]
분산의 비율 [60.76, 24.03, 11.62, 3.596]

따라서 **PC1, PC2가 원 데이터 분산의 85% 정도를 보존**한다고 이해할 수 있다. ■

아래 주성분의 고윳값에 대한 선 그림(line plot)을 활용하여 데이터의 차원을 줄일 때, 주성분을 몇 개로 선택할지 결정할 수 있다. 고윳값을 가장 큰 값에서부터 크기 순서대로 정렬하므로, 대개 기울기가 꺾이는 부분의 "elbow point" 왼쪽에 있는 성분까지 선택한다. 따라서 15% 정도의 정보는 잃어버리더라도, PC1, PC2만 택하여 2차원 데이터로 차원을 줄 일 수 있다.

이를 활용하여 데이터를 시각화하거나 다른 데이터 분석기법을 적용할 수 있다.

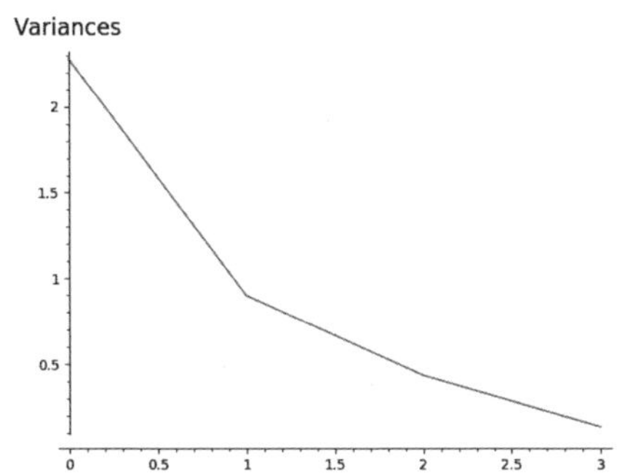

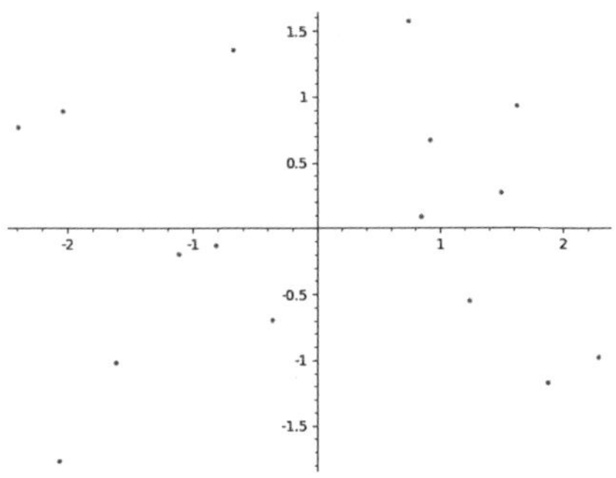

◪ 열린 문제 2 본인 전공에서 찾은 데이터행렬을 가지고, 위의 주성분분석(PCA)의 알고리즘을 그 행렬에 적용해보고 토론하시오.

*12.5 주성분 분석과 공분산 행렬

주성분 분석은 원 데이터의 분포를 최대한 보존하면서 고차원 공간의 데이터들을 저차원 공간으로 변환하는 기법이다. 그런데 **원 데이터의 분포에 대한 정보는 공분산 행렬에 담겨 있다.** 왜냐하면 공분산 행렬은 주대각선 상의 성분에 각 확률변수가 얼마나 퍼져 있는지는 나타내는 분산과 주대각선 이외의 성분에 확률변수 간의 상관관계를 나타내는 공분산으로 되어 있기 때문이다. 따라서 주성분 분석은 공분산 행렬과 관계가 있다.

데이터 행렬 X가 센터링(mean-centered) 되어 있는 행렬이면, $p \times p$ 공분산 행렬 Σ는 다음과 같이 계산된다.

$$\Sigma = \begin{bmatrix} Var(x_1) & Cov(x_1, x_2) & \cdots & Cov(x_1, x_p) \\ Cov(x_2, x_1) & Var(x_2) & \cdots & Cov(x_2, x_p) \\ \vdots & \vdots & \ddots & \vdots \\ Cov(x_p, x_1) & Cov(x_p, x_2) & \cdots & Var(x_p) \end{bmatrix}$$

$$= \frac{1}{n}\begin{bmatrix} x_{11} & x_{21} & \cdots & x_{n1} \\ \vdots & \vdots & & \vdots \\ x_{1p} & x_{2p} & \cdots & x_{np} \end{bmatrix}\begin{bmatrix} x_{11} & x_{12} & \cdots & x_{1p} \\ \vdots & \vdots & & \vdots \\ x_{n1} & x_{n2} & \cdots & x_{np} \end{bmatrix}$$

$$= \begin{bmatrix} \frac{1}{n}\sum_{i=1}^{n} x_{i1}^2 & \frac{1}{n}\sum_{i=1}^{n} x_{i1}x_{i2} & \cdots & \frac{1}{n}\sum_{i=1}^{n} x_{i1}x_{ip} \\ \frac{1}{n}\sum_{i=1}^{n} x_{i2}x_{i1} & \frac{1}{n}\sum_{i=1}^{n} x_{i2}^2 & \cdots & \frac{1}{n}\sum_{i=1}^{n} x_{i2}x_{ip} \\ \vdots & \vdots & \ddots & \vdots \\ \frac{1}{n}\sum_{i=1}^{n} x_{ip}x_{i1} & \frac{1}{n}\sum_{i=1}^{n} x_{ip}x_{i2} & \cdots & \frac{1}{n}\sum_{i=1}^{n} x_{ip}^2 \end{bmatrix} = \frac{1}{n}X^T X$$

주성분 분석의 목표는 '공분산 행렬로 부터 얻은 정보'를 최대한 보존하는 '더 적은 개수($\ll p$)의 새로운 변수들'을 찾으려는 것이다[rank-p reduction, dimension reduction]. X의 특잇값 분해

$$X = USV^T = U\begin{bmatrix} S_1 \\ O \end{bmatrix} V^T$$

로부터 다음 관계를 얻는다.

$$\Sigma = \frac{1}{n}X^T X = \frac{1}{n}V\begin{bmatrix} S_1^T & O \end{bmatrix} U^T U \begin{bmatrix} S_1 \\ O \end{bmatrix} V^T = V\left(\frac{S_1^2}{n}\right)V^T$$

따라서 $\Sigma V = V\left(\frac{S_1^2}{n}\right)$, 즉 $\Sigma \mathrm{v}_i = \left(\frac{s_i^2}{n}\right)\mathrm{v}_i$ $(i = 1, 2, \ldots, p)$인 관계가 성립한다. 이때 $\lambda_i = \frac{s_i^2}{n}$를 **$\Sigma$의 고윳값**(eigenvalue), v_i를 λ_i에 대응하는 **고유벡터**(eigenvector)라고 한

다. λ_i는 i번째 PC(**주성분**)의 분산을 나타내며, v_i는 i번째 **주축**(principal axis)을 나타낸다.

(고윳값, 고유벡터는 선형대수학에서 배운다. http://matrix.skku.ac.kr/math4ai/part1/)

◪ 열린 문제 3 공분산 행렬에 대한 주성분분석(PCA)을 하여, 차원을 축소하는 과정에 대하여 이해한 바를 토론하시오.

*12.6 주성분 분석과 선형회귀

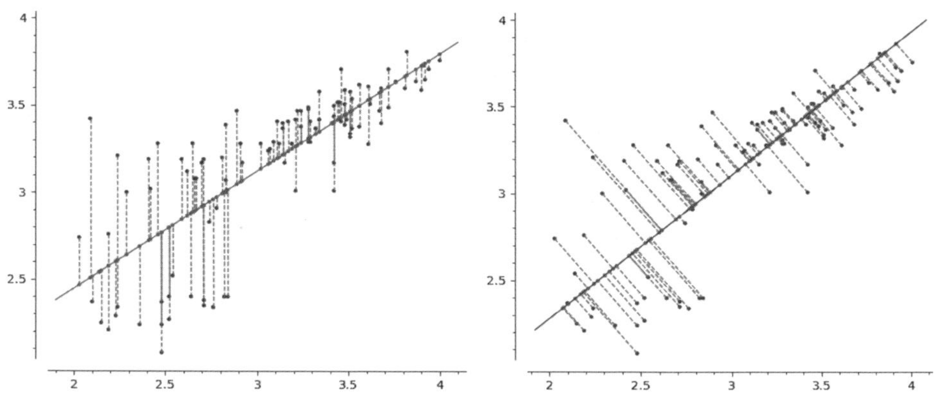

선형회귀(linear regression)에서는 각 데이터 (x_i, y_i)와 일차함수 $y=a+bx$에 의하여 계산된 점 $(x_i, \hat{y}_i)$ 사이의 거리(즉 y축 상에서의 거리)가 최소가 되도록 a와 b를 결정하였다(왼쪽 그림). 그러나 주성분 분석에서는 각 데이터 (x_i, y_i)에서 일차함수 $y=a+bx$에 이르는 거리가 최소가 되도록 a와 b를 결정하였다(오른쪽 그림). 즉 주성분 분석을 사용하여 얻어진 직선이 데이터와 더 가까이 있다. 아래 그림은 선형회귀와 주성분 분석에 의하여 얻어진 직선을 함께 보여준다. **(주성분 분석은 데이터의 scale에 민감하므로 센터링 및 정규화를 가정해야 한다. 자세한 사항은 관련 문헌을 참조하라.)**

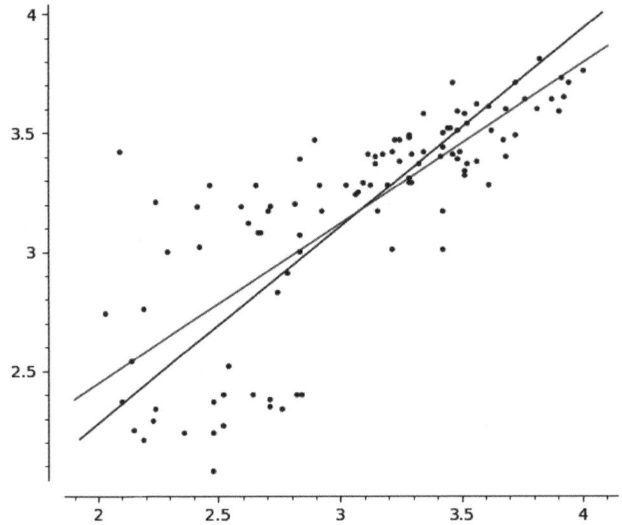

■

◪ 열린 문제 4 최소제곱직선과 회귀분석에서 사용하는 선형회귀 사이의 같은 점과 다른 점에 대하여 이해한 바를 토론하시오.

[참고자료] 담당교수의 PCA 추가설명 https://youtu.be/ukIttphmM_4

13 인공신경망 http://matrix.skku.ac.kr/math4ai-intro/W13/

13.1 신경망

사람의 뇌에 있는 **뉴런**(신경세포, neuron)은 혈액 중의 아미노산으로부터 신경전달물질을 만든다. 신경의 자극은 한 방향으로 일어나며, 만들어진 신경전달물질을 이용하여 주위의 다른 신경세포들에 신호를 전달한다. 하나의 신경세포는 여러 개의 다른 신경세포들로부터 전달받은 신호(입력신호)에 반응하여 세포막이 **역치**(threshold value, 임계값) 전위에 도달하면 다음 신경세포에도 일정한 크기의 신호(출력신호)를 전달하게 된다. 인간의 뇌는 약 1000억 개의 뉴런을 가지고 있으며, 어려운 이미지 인식과 같은 업무를 잘 수행한다.

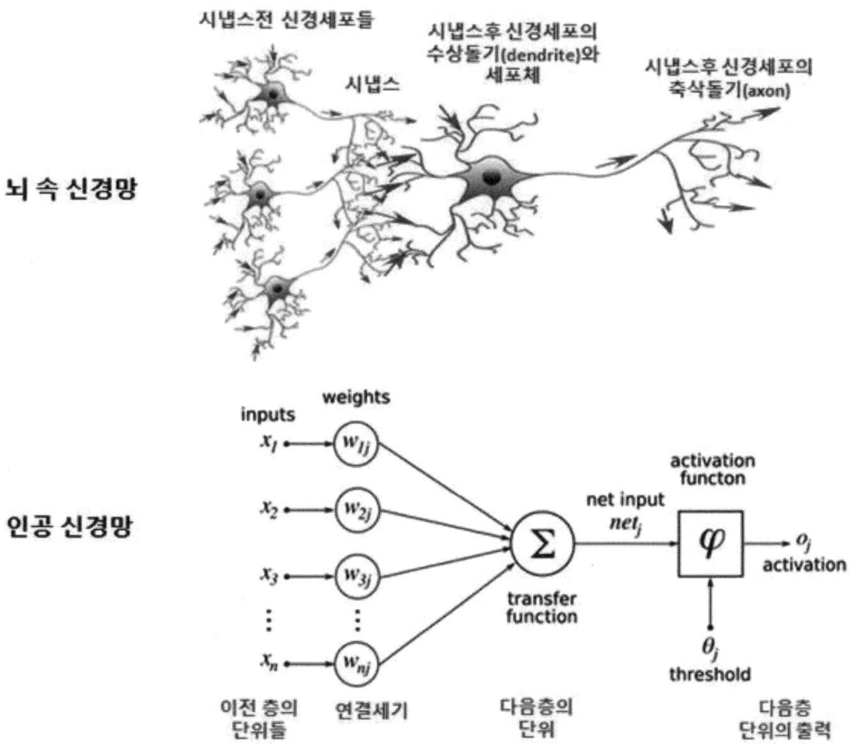

[그림 출처] http://scienceon.hani.co.kr/397536

신경망(neural network)은 신경계의 기본 단위인 뉴런을 모델화한 것이다. 하나의 인공 뉴런(노드, node)에서는 다수의 입력 신호 x_i를 받아서 하나의 신호를 출력한다. 이는 실제 뉴런에서 전기신호를 내보내 정보를 전달하는 것과 비슷하다. 이때 뉴런의 돌기가 신호를 전달하는 역할을 하듯이 인공 뉴런에서는 **가중치**(weight) w_i가 그 역할을 한다. 각 입력신호에는 고유한 가중치가 부여되며 가중치가 클수록 해당 신호가 중요하다고 볼 수 있다.

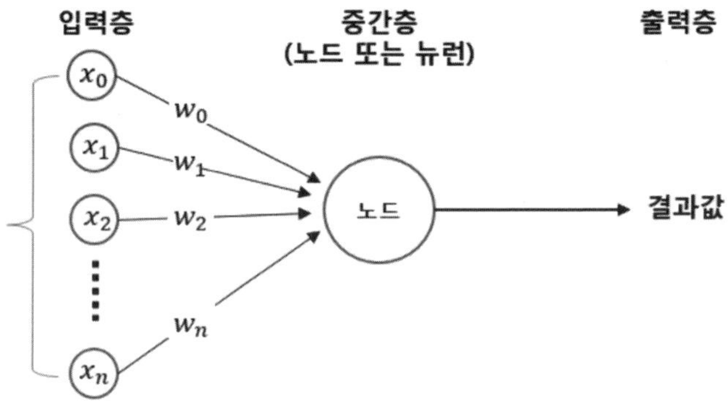

13.2 신경망의 작동 원리

아래와 같이 하나의 노드는 입력 신호를 받아 결과를 전달해주는 하나의 함수로 볼 수 있다. 따라서 입력신호 x를 받아 y를 출력하는 경우 $y=wx+b$와 같이 나타낼 수 있다. 여기서 b는 편향(bias)을 의미한다. 예를 들어, 입력신호 x를 받으면, 미리 부여된 가중치 w와 계산 후 그 결과값이 임계값 θ를 넘으면 1을 출력, 즉

$$wx > \theta \quad \Rightarrow \quad 1\text{을 출력}$$

할 때 θ를 왼쪽으로 이항하면 $b=-\theta$를 얻는다.

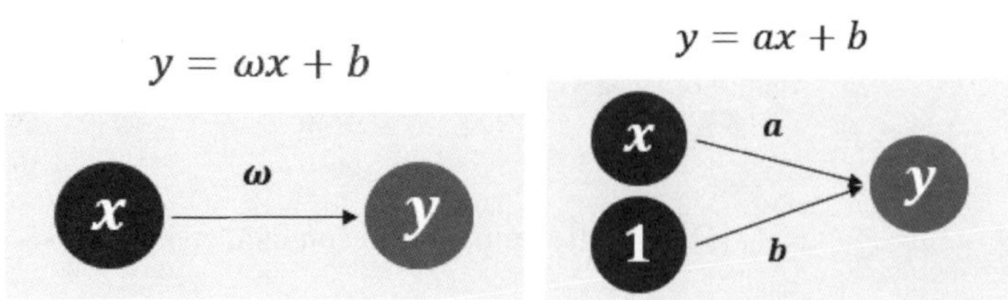

같은 방법으로 입력신호가 두 개인 경우는 $y = ax_1 + bx_2 + c$, 입력신호가 세 개인 경우는 $y = ax_1 + bx_2 + cx_3 + d$와 같이 표현할 수 있다.

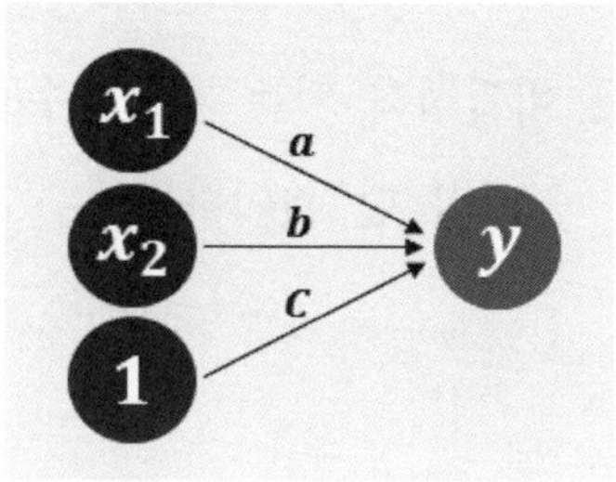

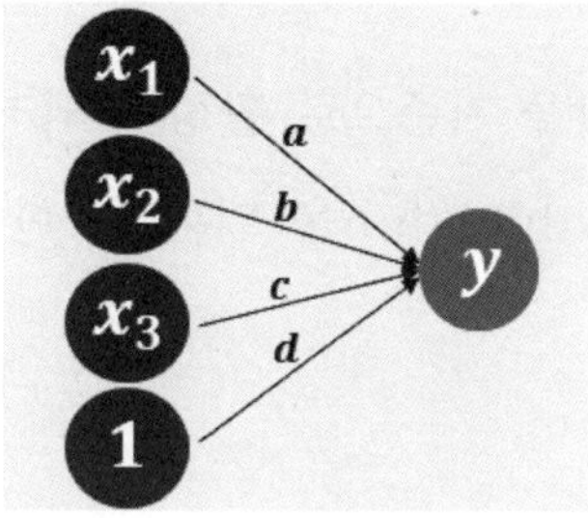

만일 출력이 두 개인 경우는 다음과 같이 **행렬의 곱**을 이용하여 나타낼 수 있다. 이때, 편의상 편향은 0이라고 하고, w_{ij}는 입력층의 i번째 노드에서 출력층의 j번째 노드로 연결된 가중치를 의미한다.

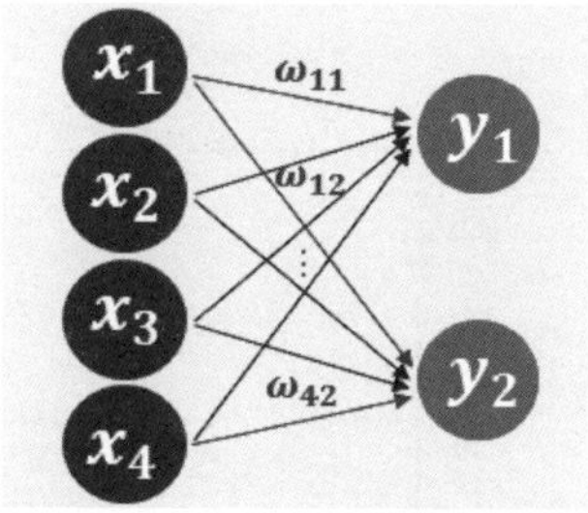

$$\begin{bmatrix} y_1 \\ y_2 \end{bmatrix} = \begin{bmatrix} w_{11} & w_{21} & w_{31} & w_{41} \\ w_{12} & w_{22} & w_{32} & w_{42} \end{bmatrix} \begin{bmatrix} x_1 \\ x_2 \\ x_3 \\ x_4 \end{bmatrix} \quad \text{또는} \quad \begin{bmatrix} x_1 & x_2 & x_3 & x_4 \end{bmatrix} \begin{bmatrix} w_{11} & w_{12} \\ w_{21} & w_{22} \\ w_{31} & w_{32} \\ w_{41} & w_{42} \end{bmatrix} = \begin{bmatrix} y_1 & y_2 \end{bmatrix}$$

뉴런에서 임계값 이상의 자극이 주어져야 감각이 반응하는 것처럼, 인공 뉴런에서도 다수의 입력신호가 주어지면, 미리 부여된 가중치와 계산을 한 후 그 총합이 정해진 임계값을 넘으면, 1을 출력하고 넘지 못하면 0 (또는 -1)을 출력한다. 이때 출력을 결정하는 함수를 **활성화 함수**(activation function)라 한다. 활성화 함수의 대표적인 예로는 도함수가 규칙성을 가진 n차 미분가능한 함수로 Sigmoid **함수**가 있다.

$$f(x) = \frac{1}{1+e^{-x}} = \frac{e^x}{e^x+1}$$

이는 임계값을 기준으로 활성화 되거나 혹은 비활성화 되는 계단함수(step function) 또는 Heaviside function을 미분가능한 함수로 근사화 한 것이다.

$$H(x) = \begin{cases} 0, & x < 0 \\ 1, & x \ge 0 \end{cases}$$

sage -------- http://matrix.skku.ac.kr/KOFAC/ --------

```
# Sigmoid function
f(x) = 1/(1 + exp(-x))  # Sigmoid function
H(x) = heaviside(x)     # Heaviside function
p1 = plot(f(x), (x, -5, 5))
p2 = plot(H(x), (x, -5, 5), color = 'red')
p1 + p2
```

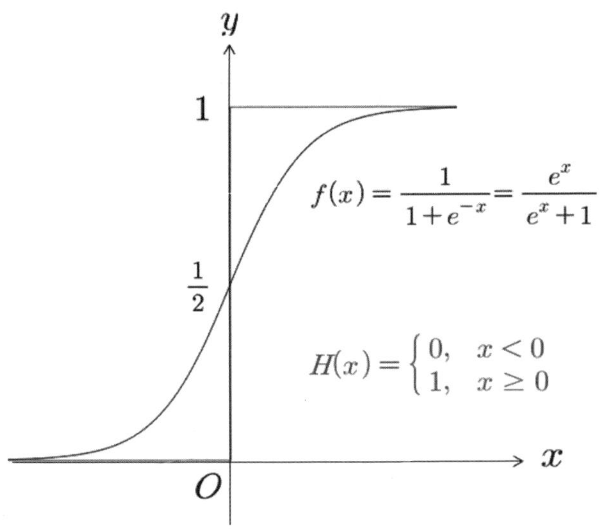

■

Sigmoid 함수 $f(x)$에 대하여 다음이 성립한다.

① 모든 x에 대하여 $0 < f(x) < 1$이다.

② $x>0$일 때 $f(x)>0.5$, $x<0$일 때 $f(x)<0.5$이다.

③ Sigmoid 함수의 미분 공식은 다음과 같다. **즉 $f(x)$를 그대로 활용할 수 있다.**

$$f'(x)=-(1+e^{-x})^{-2}(-e^{-x})=\frac{e^{-x}}{(1+e^{-x})^2}=\frac{1}{1+e^{-x}}\cdot\frac{e^{-x}}{1+e^{-x}}=f(x)(1-f(x))$$

sage -------- http://matrix.skku.ac.kr/KOFAC/ --------

```
# f'(x) = f(x)(1-f(x))
f(x) = 1/(1 + exp(-x))
print("f'(x) =", diff(f(x), x))
bool(diff(f(x), x) == f(x)*(1 - f(x)))
--------------------------------------------------------------------------
f'(x) = e^(-x)/(e^(-x) + 1)^2                    #  f'(x) = f(x)(1-f(x))
True
```
■

Sigmoid 함수는 계단함수와 비교할 때, 출력신호를 극단적인 값(0 또는 1)이 아니라 연속적인 0과 1사이의 값으로 정규화 하여 전달해준다. 또한 계단함수는 $x=0$일 때 미분가능하지 않으나 Sigmoid 함수는 모든 실수 x에서 미분이 가능하며, 계산도 어렵지 않다. 이외에도 활성화 함수로 **ReLU**(Rectified Linear Unit) **함수**, 하이퍼볼릭 탄젠트 ($\tanh x$) 등이 있다. **[자세한 사항은 대학수학** https://reniew.github.io/12/**에서 배운다.]**

이제 이 과정을 정리해보자.

① 인공 뉴런은 입력 데이터 $(x_1, x_2, \cdots x_n)$를 다른 인공 뉴런으로부터 혹은 외부로부터 입력받는다.

② 인공 뉴런은 입력받은 데이터와 가중치$(w_1, w_2, \cdots w_n)$를 결합하여 $\sum_{i=1}^{n} w_i x_i + b$으로 표현되는 하나의 값으로 만든다.

③ ②에서 구한 $\left(\sum_{i=1}^{n} w_i x_i\right)+b$값을 활성화 함수$f(x)$에 대입하여 $f\left(\sum_{i=1}^{n} w_i x_i + b\right)$을 출

력값으로 내보낸다.

예를 들어, 3개의 입력데이터(x_1, x_2, x_3)와 가중치(w_1, w_2, w_3)가 주어진 인공신경세포를 활성화 함수 σ (또는 f)를 이용하여 도식화하면 그림과 같으며, 출력값 y_1을 얻을 수 있다.

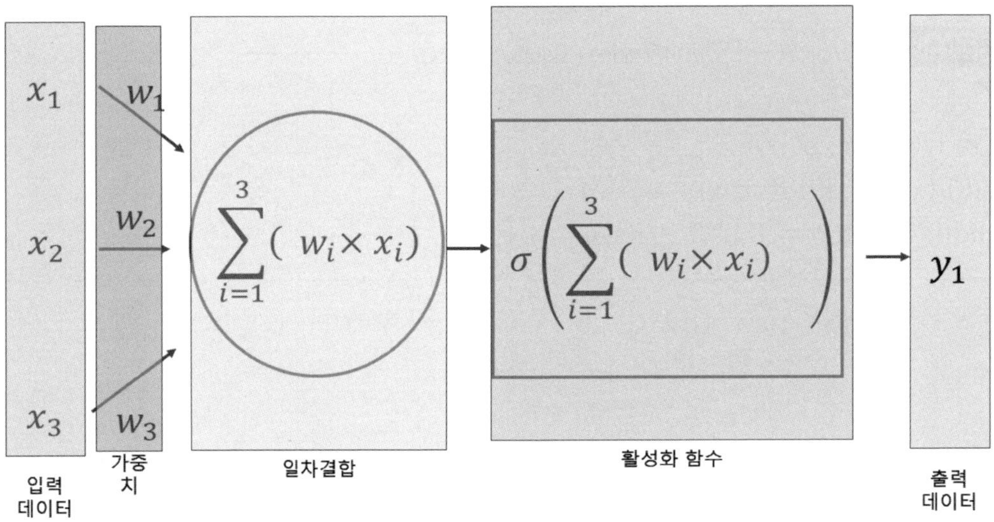

13.3 신경망의 학습

신경망은 순환하지 않는 그래프로 연결된 뉴런의 모음을 모델화 한 것으로 다음은 신경망을 그림으로 표현한 것이다. 왼쪽부터 입력층(Input layer), 은닉층(Hidden layer), 출력층(Output layer)으로 구성되어 있다. 입력층에서 신호를 받으면, 미리 부여된 가중치와 계산 후 주어진 활성화 함수를 거쳐 은닉층으로 전파되고, 같은 방식으로 그 다음 층으로 전해질 신호가 계산된다. 이런 식으로 전파되어 출력층에서 해당하는 결과를 내보낸다.

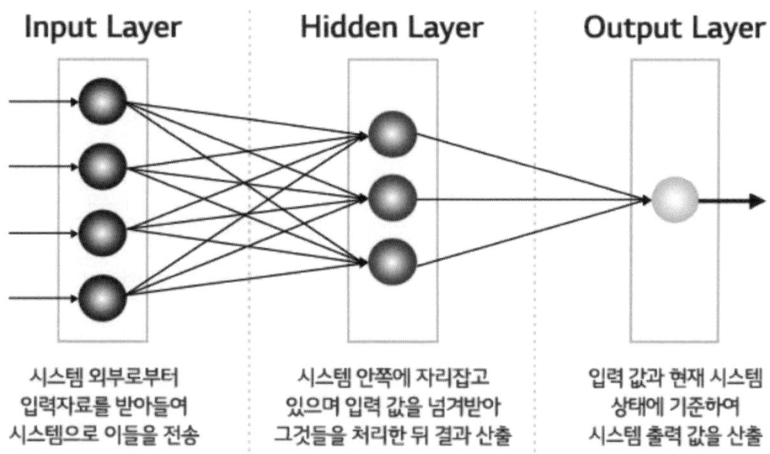

[그림 출처] https://blog.lgcns.com/1359

이제 입력값과 정답을 알고 있는 데이터가 있다고 하자. 우리의 목적은 주어진 데이터를 잘 판단하도록 **신경망의 가중치를 찾는 것**이다. 이때 어떤 공식에 의해서 가중치를 계산하는 것이 아니라, 초기에 임의로 가중치를 부여해놓고, 주어진 데이터로부터 신경망을 이용하여 얻은 예측값과 미리 알고 있는 정답간의 오차를 줄이는 방향으로 가중치를 점차 업데이트해 나간다. 이때 계층 간의 각각의 연결이 오차에 영향을 주는 정도에 비례해서 오차를 전달해준다. 대표적인 방법으로 **오차 역전파법**(back propagation)이 있다.

13.4 오차 역전파법

인공신경망을 학습시키기 위해서 사용하는 **오차 역전파법**에 대하여 알아보자.

[오차 역전파법 단계 (back propagation 알고리즘)]

① **전처리**(Data Preprocessing, Data Cleaning)**된 데이터**(Set)**를 학습 데이터**(training data), **검증데이터**(validation data), **테스트데이터**(test data)**로 나눈다.** 보통 원 데이터의 80%를 학습 데이터와 검증데이터로 사용하고, 20%를 테스트 데이터로 사용한다.

② 학습데이터(Set)로부터 **입력**(Input variable)**과 관측값**(observed value, 측정값)을 입력(input)한다.

③ 인공신경망의 **가중치를 임의로 설정**한다. (예; 행렬, 활성화함수)

④ 학습데이터 **입력층**에서 학습 데이터의 신호를 받으면, 미리 부여된 가중치 **(⑥ 단계 이후에는 업데이트된 가중치)**와 계산 후 주어진 활성화 함수를 거쳐 은닉층으로 전파되고, 같은 방식으로 그 다음 층으로 전해질 신호가 계산된다. 이런 식으로 전파되어 **출력층에서 해당하는 결과**(예측값, predicted value)를 얻는다.

⑤ **예측값**(출력, predicted value)**과 관측값**(observed value) 사이의 오차를 계산한다.

⑥ **오차를 최소화**하기 위하여 경사하강법(gradient descent method)을 적용하여 단계 ③의 **가중치를 업데이트**한다.

⑦ **오차가 최소화 될 때까지 ④~⑥ 과정을 통하여 반복하여, 신경망을 모델링한다.**

⑧ 남겨둔 **테스트 데이터**를 이용하여 **우리가 만든 신경망 모델이 잘 작동하는지 테스트 한다.**

[필요시 정확도를 높이기 위하여 이 과정을 검증데이터를 사용하면서 training data의 개수를 늘린다.]

아래에서 딥러닝(deep learning)**에 대하여 수학적으로 설명한다.** 오차 역전파법에 의해 각 계층에 전달된 오차를 바탕으로 가중치를 업데이트하는 방법은 이미 학습한 **경사하강법**(gradient descent method)을 오차함수를 최소화하는 문제에 적용한 것과 같다. 예를 들어, 각 계층에서 입력신호 $\mathbf{x}_i$ $(i=1, \ldots, n)$를 받아 미리 부여된 가중치와 계산 후 주어진 활성화 함수로부터 출력된 값을 $\hat{\mathbf{y}}_i$라 하고, 실제 **관측값**(observed value, 측정값, 정답에 해당하는 값)은 $\mathbf{y}_i$라 하자. 그러면 제곱 오차(squared error)는 다음과 같이 주어진다.

$$E=\frac{1}{2}\sum_{i=1}^{N}\|\mathbf{y}_i-\hat{\mathbf{y}}_i\|^2$$

그러면 각 가중치를 업데이트하는 공식은 경사하강법으로부터 다음과 같이 주어진다.

$$w_{ij}^{(\mathrm{NEW})}=w_{ij}^{(\mathrm{OLD})}-\eta\frac{\partial E}{\partial w_{ij}}.$$

여기서 $\dfrac{\partial E}{\partial w_{ij}}$는 E를 변수 w_{ij}에 관하여 **편미분**한다는 뜻으로 w_{ij}를 제외한 다른 변수는 모두 상수로 취급하여 미분하는 것과 같다.

이제 아래와 같이 간단한 신경망의 각 계층에 전달된 오차로부터 가중치를 업데이트하는 방법에 관하여 살펴보자.

① 각 계층에 전달된 오차를 계산한다. 먼저 출력층에서의 오차를 계산하기 위하여, 은닉층에서 입력 신호 x_1과 x_2를 받아 가중치 w_{11}, w_{12}, w_{21}, w_{22}와 계산한 후, Sigmoid 함수 $f(x)$를 거쳐 출력 y_1과 y_2를 얻었다고 가정하자.

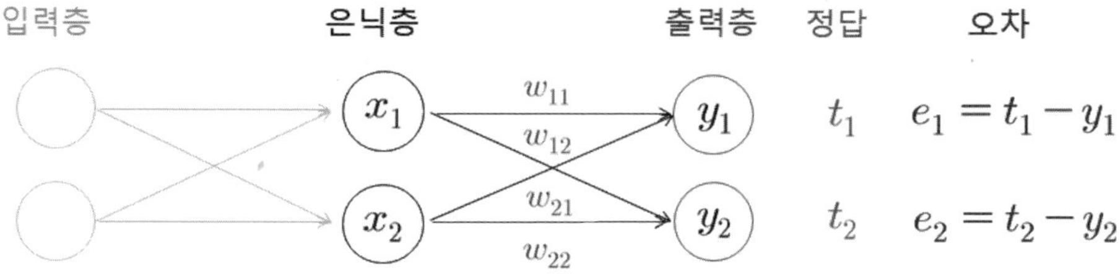

제곱오차 $E = \frac{1}{2}(e_1^2 + e_2^2) = \frac{1}{2}((t_1 - y_1)^2 + (t_2 - y_2)^2)$

그러면 출력층에서의 제곱오차는 다음과 같다.

$$E = \frac{1}{2}(e_1^2 + e_2^2) = \frac{1}{2}((t_1 - y_1)^2 + (t_2 - y_2)^2)$$

$$= \frac{1}{2}((t_1 - f(x_1 w_{11} + x_2 w_{21})^2 + (t_2 - f(x_1 w_{12} + x_2 w_{22})^2)$$

이제 은닉층(hidden layer)에서의 오차를 계산해보자. 은닉층에는 출력층과 달리 목표하고자 하는 **관측값**(observed value, 측정값, 정답에 해당하는 값)이 따로 없으므로 출력층에서의 오차 $e_j = t_j - y_j$에 해당하는 것이 없다. 이때 앞서 언급한 오차 역전파법을 활용한다.

신경망에서 오차가 일어났다는 것은 결국, 입력신호가 입력층으로부터 은닉층을 거쳐 최종 출력층으로 전파될 때, 은닉층에서의 오차가 반영된 결과라고 볼 수 있으므로 계층(layer) 간의 각각의 연결이 오차에 영향을 주는 정도, 즉 가중치에 비례해서 오차를 역으로 전달해주면 된다.

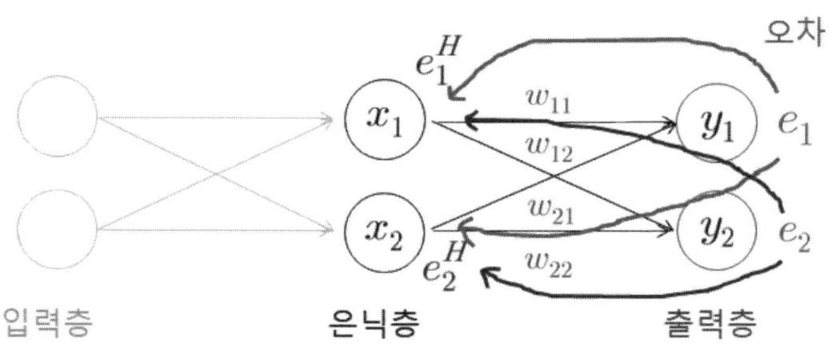

출력층의 첫 번째 노드에서 오차 e_1을 얻었다고 가정하자. 이 노드는 은닉층의 첫 번째 노드와 가중치 w_{11}, 두 번째 노드와 가중치 w_{21}으로 연결되어 있다. 가중치가 크면 오차에 미치는 영향도 클 것이므로, 가중치에 비례하여 오차를 은닉층에 전달해준다. 따라서 예를 들어, e_1^H를 은닉층의 첫 번째 노드에 전파된 오차라 하면 다음과 같이 계산할 수 있다.

$$e_1^H = \frac{w_{11}}{w_{11}+w_{21}}e_1 + \frac{w_{12}}{w_{12}+w_{22}}e_2$$

마찬가지로 e_2^H를 구할 수 있다.

$$e_2^H = \frac{w_{21}}{w_{11}+w_{21}}e_1 + \frac{w_{22}}{w_{12}+w_{22}}e_2$$

위의 두 식에서 분모를 제외하면 다음과 같이 행렬을 이용하여 나타낼 수 있다.

$$\begin{bmatrix} e_1^H \\ e_2^H \end{bmatrix} = \begin{bmatrix} w_{11} & w_{12} \\ w_{21} & w_{22} \end{bmatrix} \begin{bmatrix} e_1 \\ e_2 \end{bmatrix}$$

이때, 분모를 없애게 되면 원 식과 비교했을 때, 일정 부분의 비율이 사라지게 되는데, 다음 웹사이트에 따르면, 분모가 있는 경우와 실제로는 거의 차이가 없이 잘 작동하는 것이 알려져 있다.

[참고]

http://makeyourownneuralnetwork.blogspot.com/2016/07/error-backpropagation-revisted.html

[동영상] What is backpropagation really doing?

https://youtu.be/Ilg3gGewQ5U

② 출력층에서 얻은 오차로부터 은닉층과 출력층 사이의 가중치를 업데이트한다. sigmoid 함수의 성질과 연쇄법칙으로부터 $\frac{\partial E}{\partial w_{11}}$을 구하면 다음과 같다.

$$\frac{\partial E}{\partial w_{11}} = -(t_1 - f(x_1 w_{11} + x_2 w_{21}))f(x_1 w_{11} + x_2 w_{22})(1 - f(x_1 w_{11} + x_2 w_{21}))x_1$$

$$= -(t_1 - y_1)y_1(1 - y_1)x_1$$

(여기서는 $\frac{\partial E}{\partial w_{11}}$에 관한 결과가 아주 쉽게 계산된다는 것만 이해하면 된다.)

마찬가지 방법으로 다른 가중치에 대해서도 다음과 같이 계산한다.

$$\frac{\partial E}{\partial w_{12}} = -(t_2 - y_2)y_2(1 - y_2)x_1$$

$$\frac{\partial E}{\partial w_{21}} = -(t_1 - y_1)y_1(1 - y_1)x_2$$

$$\frac{\partial E}{\partial w_{22}} = -(t_2 - y_2)y_2(1 - y_2)x_2$$

즉, 가중치 w_{ij}는 은닉층의 i번째 노드와 출력층의 j번째 노드만 연결되어 있으므로, E를 w_{ij}에 대하여 편미분하면 다음과 같이 간단하게 표현됨을 알 수 있다.

$$\frac{\partial E}{\partial w_{ij}} = -(t_j - y_j)\, y_j(1 - y_j)x_i = -e_j\, y_j(1 - y_j)x_i$$

여기서 x_i는 은닉층의 i번째 노드에서의 입력, y_j는 출력층의 j번째 노드에서의 출력, $e_j = t_j - y_j$는 출력층의 j번째 노드에서의 오차이다.

이제 경사하강법을 적용하여 다음과 같이 은닉층과 출력층 사이의 모든 가중치를 업데이트한다.

$$w_{ij}^{(\mathrm{NEW})} = w_{ij}^{(\mathrm{OLD})} - \eta \frac{\partial E}{\partial w_{ij}}$$

③ 은닉층에 전달된 오차로부터 입력층과 은닉층 사이의 가중치를 업데이트한다. 기본적으로는 은닉층과 출력층 사이의 가중치를 업데이트하는 방식으로 계산하면 된다. 논의의 편의상 기호를 그대로 사용하였다.

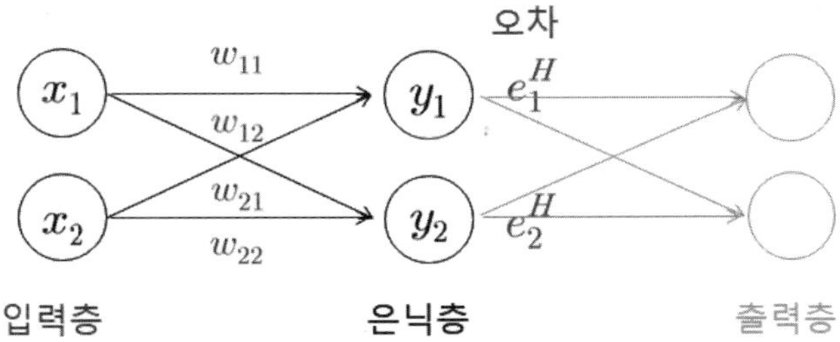

여기서 x_i는 입력층의 i번째 노드에서의 입력, y_j는 은닉층의 j번째 노드에서의 출력, e_j^H는 은닉층의 j번째 노드에 전파된 오차이다. 따라서 다음을 얻을 수 있다.

$$\frac{\partial E}{\partial w_{ij}} = -e_j^H y_j (1 - y_j) x_i$$

이제 경사하강법을 적용하여 다음과 같이 입력층과 은닉층 사이의 모든 가중치를 업데이트할 수 있다.

$$w_{ij}^{(\mathrm{NEW})} = w_{ij}^{(\mathrm{OLD})} - \eta \frac{\partial E}{\partial w_{ij}}$$

신경망은 제대로 예측할 때까지 많은 데이터를 필요로 하며, 또한 입력층과 출력층 사이에 많은 은닉층을 둘 수도 있다. 이와 같이 은닉층이 여러 개 있는 인공신경망을 **심층신경망**(deep neural network)이라고 부르며, 심층 신경망을 학습하기 위한 기계학습 기법을 **딥러닝**(deep learning)이라고 부른다. 은닉층이 여러 개 있는 경우에도 마찬가지로 오차 역전파법을 이용하여 그 이전 층에서 전파된 오차로부터 경사하강법을 적용하여 가중치를 업데이트할 수 있다. 기타 자세한 사항은 신경망, 딥러닝과 관련된 도서를 참조하라.

[참고] 인공신경망(은닉망의 수학) 설명: https://youtu.be/d4WercT_OnU

◪ 열린 문제 5 인공신경망과 오차 역전파법(back propagation)에 대하여 이해한 대로 서술하시오.

과제

열린 문제 1 주성분분석에서 특잇값 분해(SVD)가 어떻게 사용되는지 설명해 보시오.

열린 문제 2 본인 전공에서 찾은 데이터행렬을 가지고, 위의 주성분분석(PCA)의 알고리즘을 그 행렬에 적용해보고 토론하시오,

열린 문제 3 공분산 행렬에 대한 주성분분석(PCA)을 하여, 차원을 축소하는 과정에 대하여 이해한 바를 토론하시오.

열린 문제 4 최소제곱직선과 회귀분석에서 사용하는 선형회귀 사이의 같은 점과 다른 점에 대하여 이해한 바를 토론하시오.

열린 문제 5 인공신경망과 오차 역전파법(back propagation)에 대하여 아는 대로 서술하시오.

열린 문제 6 MNIST 숫자 인식, 얼굴인식, 음성인식, 자연어생성 기술이 현재 어느 정도 활용되고 있는지 알아보시오,

열린 문제 7 인공지능에 활용되는 수학에 대하여 알아보고 토론하시오.

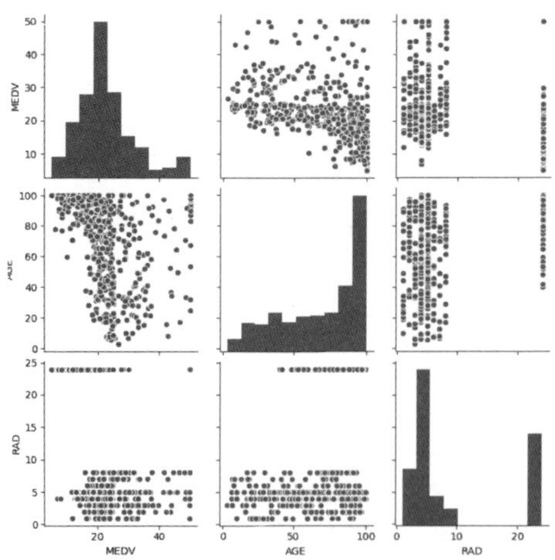

[출처] http://matrix.skku.ac.kr/KOFAC2/

14 MNIST 데이터 숫자인식 실습

http://matrix.skku.ac.kr/math4ai-intro/W14/

14.1 인공신경망을 활용한 손 글씨 숫자 인식 사례

과거 우체국에서는 사람들이 손으로 적은 우편번호를 인식하고 분류하여 배달하는 것에 많은 인력을 투입했었다. 이 절에서는 지난 시간에 학습한 **인공신경망을 활용하여 컴퓨터가 손으로 적은 숫자 이미지를 인식하는 원리**에 대하여 학습한다.

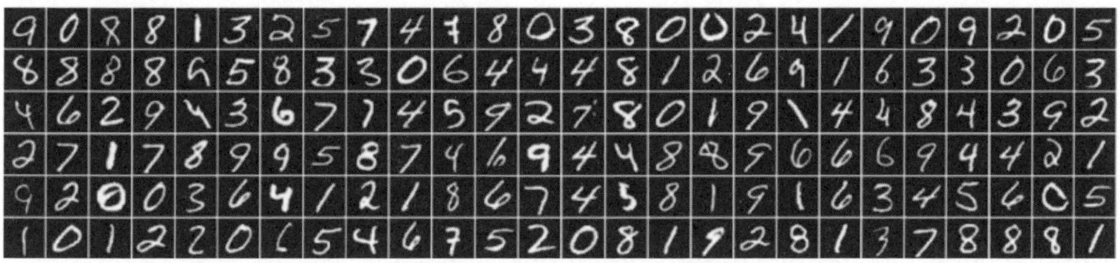

먼저 위의 그림과 같이 **손으로 적은 숫자 이미지가 필요**하다. MNIST(Modified National Institute of Standards and Technology) 데이터베이스에는 가로, 세로가 각각 28 픽셀(pixel)인 흑백의 숫자 이미지 70,000개가 들어있다. 그중 60,000개는 학습용 데이터이고, 10,000개는 테스트용 데이터이다. 각 데이터에는 손으로 쓴 0부터 9까지의 숫자 이미지와 그 레이블(label, 실제 숫자)이 담겨 있다. 기계 학습의 성과를 벤치마킹 하는 데 가장 널리 사용되는 MNIST 데이터베이스는 아래 웹사이트에서 확인할 수 있다.

[출처] THE MNIST DATABASE of handwritten digits http://yann.lecun.com/exdb/mnist/

예를 들어, MNIST 데이터의 숫자 이미지를 실제로 확인해보자. 아래는 https://github.com/freebz/Make-Your-Own-Neural-Network 에 공개된 Python 코드를 일부 수정하여 SageMath에서 구현한 것이다.

-------- http://matrix.skku.ac.kr/KOFAC/ --------

```
# 필요한 라이브러리 불러오기
```

```
import numpy
import matplotlib.pyplot
import csv
import urllib.request
import codecs

# mnist 학습 데이터인 웹에 있는 csv 파일을 리스트로 불러오기
url                                                                    =
'https://media.githubusercontent.com/media/freebz/Make-Your-Own-Neural-Network/master/mnist_dataset/mnist_test_10.csv'

# 웹 데이터 열기
response = urllib.request.urlopen(url)

# csv 파일 읽기
training_data_file = csv.reader(codecs.iterdecode(response, 'utf-8'))
training_data_list = list(training_data_file)  # 리스트로 만들기
all_values = training_data_list[0]  # 데이터 한 개

# 저장된 숫자가 무엇인지 파악하기
print(all_values[0])

# 28 x 28 행렬로 바꾸기
image_array = numpy.asfarray(all_values[1:]).reshape((28,28))

# 행렬을 이미지로 시각화하기
matplotlib.pyplot.imshow(image_array, cmap = 'Greys', interpolation = 'None')

# 이미지를 foo.png로 저장
matplotlib.pyplot.savefig('foo.png')

# 웹 데이터 닫기
response.close()
-----------------------------------------------------------------------
7
foo.png
```
■

이때 training_data_list[0]에 저장된 숫자가 7이므로, 위의 foo.png를 클릭하면 다음과 같이 숫자 7을 이미지로 보여준다.

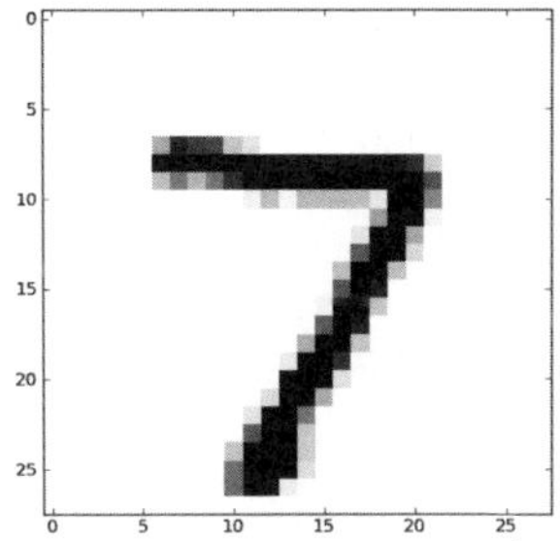

같은 방법으로 **training_data_list[1]로 바꿔주면** 저장된 숫자가 2이므로, foo.png를 클릭하면 다음과 같이 숫자 2를 이미지로 보여준다.

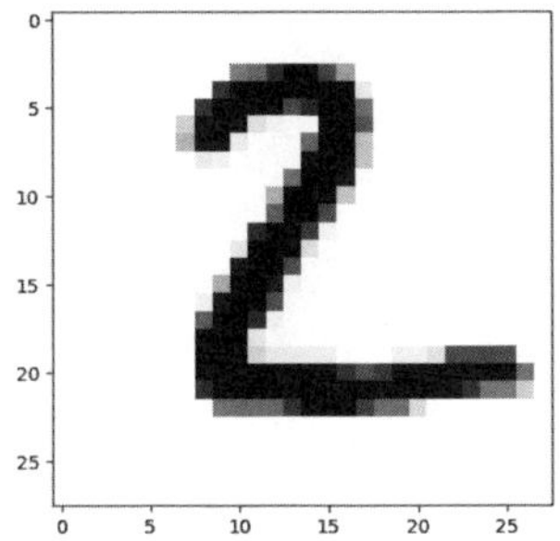

숫자 이미지는 다음과 같이 행렬로 변환할 수 있다.

① 이미지를 가로 28픽셀, 세로 28픽셀의 크기로 나눈다.

② 총 784개의 픽셀의 밝기를 조사한다. 밝기는 0을 검은색으로, 255를 흰색으로 설정한다. 즉 각 픽셀에는 이미지의 밝은 정도를 나타내는 숫자가 들어 있다고 볼 수 있다.

③ 각 픽셀의 위치와 밝기를 예를 들어, 가로 12, 세로 6번째 픽셀의 밝기가 82이라는 의미를 (12, 6, 82)와 같이 표현한다.

예를 들어, 아래와 같이 숫자 이미지를 행렬로 나타낼 수 있다.

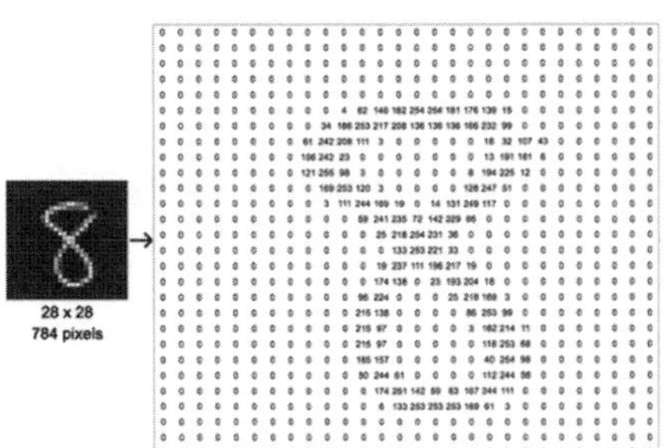

이제 **신경망을 통하여 숫자 이미지를 인식하는 과정**을 살펴보자. 학습용 데이터의 숫자 이미지 한 개는 28 × 28의 행렬이므로, 이것을 다음과 같이 784 × 1의 벡터로 변환한다.

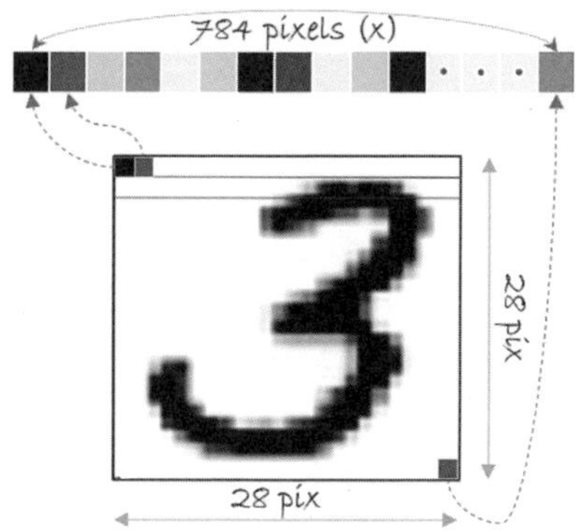

이 벡터의 각 성분은 입력신호가 되어 입력층의 노드 x_1, ..., x_{784}에 입력된다. 그리고 신경망을 거쳐 출력층의 신호를 내보낸다. 이때 출력층의 신호가 가장 큰 노드의 레이블로 숫자를 판단하게 된다. 예를 들어, 출력층의 신호가 가장 큰 노드의 레이블이 7이면 이를 숫자 7로 판단하게 된다.

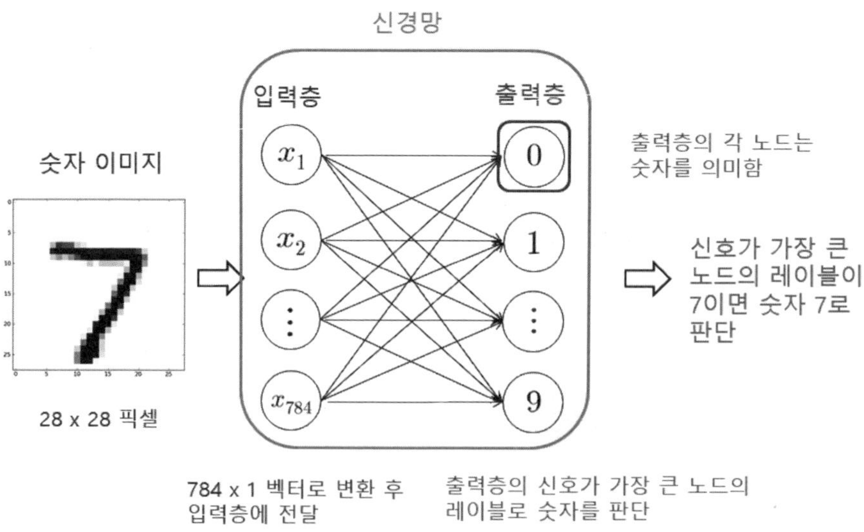

이를 실제 정답과 비교하여 오차가 생기면, **경사하강법과 오차역전파법을 활용**하여 신경망의 가중치를 조정한다. 이렇게 모든 학습 데이터를 여러 번 사용하여 학습이 끝나면 테스트 데이터를 이용하여 신경망의 성능을 확인한다.

다음은 입력, 은닉, 출력 계층의 신경망으로, MNIST 데이터세트 일부를 학습시켜 테스트용 숫자 이미지를 잘 인식하는지 보여주는 코드이다. 학습 데이터 100개, 테스트 데이터 10개를 아래의 자료로부터 사용하였다.

[출처]

https://github.com/freebz/Make-Your-Own-Neural-Network

https://media.githubusercontent.com/media/freebz/Make-Your-Own-Neural-Network/master/mnist_dataset/mnist_train_100.csv

https://media.githubusercontent.com/media/freebz/Make-Your-Own-Neural-Network/master/mnist_dataset/mnist_test_10.csv

숫자를 인식하기 위한 신경망의 입력층은 784개의 노드, 출력층은 0부터 9까지의 숫자를 나타내는 10개의 노드로 구성된다. 은닉층의 노드의 개수에 관하여 정해진 규정은 따로 없으나 이 절의 예시코드에서는 100개로 하였다.

sage -------- http://matrix.skku.ac.kr/KOFAC/ --------

```
# 3계층의 신경망으로 MNIST 데이터를 학습하는 코드
import numpy
# 시그모이드 함수 expit() 사용을 위해 scipy.special 불러오기
import scipy.special
# 행렬을 시각화하기 위한 라이브러리
import matplotlib.pyplot

#신경망 클래스의 정의
class neuralNetwork:
    # 신경망 초기화하기
    def __init__(self, inputnodes, hiddennodes, outputnodes, learningrate):
```

```
        # 입력, 은닉, 출력 계층의 노드 개수 설정
        self.inodes = inputnodes
        self.hnodes = hiddennodes
        self.onodes = outputnodes

        # 가중치 행렬 wih와 who
        # 배열 내 가중치는 w_i_j로 표기. 노드 i에서 다음 계층의 노드 j로 연결됨을 의미
        # w11 w21
        # w12 w22 등
        self.wih = numpy.random.normal(0.0, pow(self.hnodes, -0.5), (self.hnodes, self.inodes))
        self.who = numpy.random.normal(0.0, pow(self.onodes, -0.5), (self.onodes, self.hnodes))

        # 학습률
        self.lr = learningrate
        # 활성화 함수로는 시그모이드 함수를 이용
        self.activation_function = lambda x: scipy.special.expit(x)

        pass

    # 신경망 학습시키기
    def train(self, inputs_list, targets_list):
        # 입력 리스트를 2차원의 행렬로 변환
        inputs = numpy.array(inputs_list, ndmin=2).T
        targets = numpy.array(targets_list, ndmin=2).T

        # 은닉 계층으로 들어오는 신호를 계산
        hidden_inputs = numpy.dot(self.wih, inputs)
        # 은닉 계층에서 나가는 신호를 계산
        hidden_outputs = self.activation_function(hidden_inputs)

        # 최종 출력 계층으로 들어오는 신호를 계산
        final_inputs = numpy.dot(self.who, hidden_outputs)
        # 최종 출력 계층에서 나가는 신호를 계산
        final_outputs = self.activation_function(final_inputs)
```

```
        # 출력 계층의 오차는 (실제 값 - 계산 값)
        output_errors = targets - final_outputs
        # 은닉 계층의 오차는 가중치에의해 나뉜 출력 계층의 오차들을 재조합해 계산
        hidden_errors = numpy.dot(self.who.T, output_errors)
        # 은닉 계층과 출력 계층 간의 가중치 업데이트
        self.who += self.lr * numpy.dot((output_errors * final_outputs * (1.0 -
final_outputs)), numpy.transpose(hidden_outputs))
        # 입력 계층과 은닉 계층 간의 가중치 업데이트
        self.wih += self.lr * numpy.dot((hidden_errors * hidden_outputs * (1.0 -
hidden_outputs)), numpy.transpose(inputs))
        pass

    # 신경망에 질의하기
    def query(self, inputs_list):
        # 입력 리스트를 2차원 행렬로 변환
        inputs = numpy.array(inputs_list, ndmin=2).T
        # 은닉 계층으로 들어오는 신호를 계산
        hidden_inputs = numpy.dot(self.wih, inputs)
        # 은닉 계층에서 나가는 신호를 계산
        hidden_outputs = self.activation_function(hidden_inputs)
        # 최종 출력 계층으로 들어오는 신호를 계산
        final_inputs = numpy.dot(self.who, hidden_outputs)
        # 최종 출력 계층에서 나가는 신호를 계산
        final_outputs = self.activation_function(final_inputs)

        return final_outputs

# 입력, 은닉, 출력 노드의 수
input_nodes = 784
hidden_nodes = 100    # 3000, 300 으로 높이면 65% 에서 70%
output_nodes = 10     # 60000, 10000 으로 높이면 65% 에서 95%로 정확도 향상

# 학습률
learning_rate = 0.3
# 신경망의 인스턴스를 생성
n = neuralNetwork(input_nodes, hidden_nodes, output_nodes, learning_rate)
```

```
# mnist 학습 데이터인 csv 파일을 리스트로 불러오기
import csv
import urllib.request
import codecs

url                                                                          =
'https://media.githubusercontent.com/media/freebz/Make-Your-Own-Neural-Network/master/mnist_dataset/mnist_train_100.csv'
response = urllib.request.urlopen(url)
training_data_file = csv.reader(codecs.iterdecode(response, 'utf-8'))
training_data_list = list(training_data_file)
response.close()

# 신경망 학습시키기
# 주기(epoch)란 학습 데이터가 학습을 위해 사용되는 횟수를 의미
epochs = 5

for e in range(epochs):
    # 학습 데이터 모음 내의 모든 레코드 탐색
    for record in training_data_list:
        all_values = record
        # 입력 값의 범위와 값 조정
        inputs = (numpy.asfarray(all_values[1:]) / 255.0 * 0.99) + 0.01
        # 결과 값 생성 (실제 값인 0.99 외에는 모두 0.01)
        targets = numpy.zeros(output_nodes) + 0.01
        # all_values[0]은 이 레코드에 대한 결과 값
        targets[int(all_values[0])] = 0.99
        n.train(inputs, targets)
        pass
pass

# mnist 테스트 데이터인 csv 파일을 리스트로 불러오기
url                                                                          =
'https://media.githubusercontent.com/media/freebz/Make-Your-Own-Neural-Network/master/mnist_dataset/mnist_test_10.csv'
response1 = urllib.request.urlopen(url)
```

```
test_data_file = csv.reader(codecs.iterdecode(response1, 'utf-8'))
test_data_list = list(test_data_file)
response1.close()

# 신경망 테스트하기
# 신경망의 성능의 지표가 되는 성적표를 아무 값도 가지지 않도록 초기화
scorecard = []

# 테스트 데이터 모음 내의 모든 레코드 탐색
for record in test_data_list:
    all_values = record
    # 정답은 첫 번째 값
    correct_label = int(all_values[0])
    # 입력 값의 범위와 값 조정
    inputs = (numpy.asfarray(all_values[1:]) / 255.0 * 0.99) + 0.01
    # 신경망에 질의
    outputs = n.query(inputs)
    # 가장 높은 값의 인덱스는 레이블의 인덱스와 일치
    label = numpy.argmax(outputs)
    # 정답 또는 오답을 리스트에 추가
    if (label == correct_label):
        # 정답인 경우 성적표에 1을 더함
        scorecard.append(1)
    else:
        # 정답이 아닌 경우 성적표에 0을 더함
        scorecard.append(0)
        pass
    pass

# 정답의 비율인 성적을 계산해 출력
scorecard_array = numpy.asarray(scorecard)
print("performance = ", float(scorecard_array.sum()) / scorecard_array.size)
-----------------------------------------------------------------------------
performance =  0.7
```
■

위의 결과로부터 학습 데이터 100개, 테스트 데이터 10개를 사용했을 때, 신경망의 정확도는 70%임을 확인할 수 있다. 학습 데이터의 수를 늘리게 되면, 이보다 더 높은 정확도를 기대할 수 있는데, 실제로 여기 소개된 코드의 신경망을 60,000개의 학습 데이터에 의해 학습시키고, 10,000개의 테스트 데이터에 적용하면, (신경망의 가중치의 초기치가 임의로 주어지므로, 정확도의 수치가 일부 다를 수 있으나) 대략 95%의 정확도를 얻게 된다.

MNIST 데이터 세트의 손 글씨 숫자를 인식한 사례는 신경망을 학습시키기 위한 데이터가 충분히 확보되었기에 가능했다. 이전에는 사용할 수 있는 데이터가 많지 않았으나, 오늘의 세계에서는 매일 2.5×10^{18}(quintillion) 바이트의 데이터가 생성된다고 알려져 있다. 인공지능 시스템이 많은 량의 학습 데이터를 이용하여 특징을 파악하게 되면, 좀 더 나은 결과를 추론할 수 있을 것이다.

MNIST 데이터의 숫자 인식 사례와 마찬가지로, 음성 또는 신호를 인식하거나 문자를 인식하는 것도 유사한 방법으로 가능하다. 이보다 더 높은 수준의 분석이 요구되는 **자연어 처리**(Natural Language Processing, NLP)는 우리가 일상생활에서 사용하는 언어를 컴퓨터가 의미를 분석하여 처리하도록 하는 것으로, 단순히 음성 또는 문자를 인식하는 것 이외에 말하는 사람이 의미한 것, 필요한 것들을 추론을 해야 한다. 예를 들어, 사용자가 "피자 먹고 싶다!"라는 문장을 말했을 때, 인공지능 시스템은 음성의 파형으로부터 "피자 먹고 싶다!"라는 문장을 인식하는 것에서 더 나아가 사용자가 실제로 원하는 정보를 추론을 거쳐 파악하고 찾아서 제공해줘야 한다. 피자 예 ("피자 먹고 싶다!")에서 보면, 음식(food)으로 표기된 '피자'라는 용어의 사용에 주목하여, 말하는 사람이 피자를 만드는 방법을 알고 싶어 한다는 걸 암시하는 '조리법'과 같은 용어가 본문에 없음을 파악하고, 말하는 사람이 피자집을 찾고 있다고 판단할 수 있다. 이 경우 GPS 정보를 가지고 피자를 제공하는 식당을 찾아 근접성, 등급, 가격 순으로 순위를 매긴다. 만약 사용자가 이용한 피자 식당들의 기록이 있다면, 인공지능 시스템은 사용자가 자주 이용하는 식당 중 추천이 많은 가까운 곳을 찾아, 자연어 문장을 생성하여, 우리말로 다음과 같이 추천할 수도 있다.

"여기서 1km 정도 떨어진 곳에 ***라는 피자집이 있습니다."

◪ **열린 문제 6** 숫자 인식, 얼굴인식, 음성인식, 자연어생성 기술이 현재 어느 정도 활용되고 있는지 알아보시오,

◪ **열린 문제 7** 인공지능에 활용되는 수학에 대하여 알아보고 토론하시오.

http://matrix.skku.ac.kr/math4ai/part4/

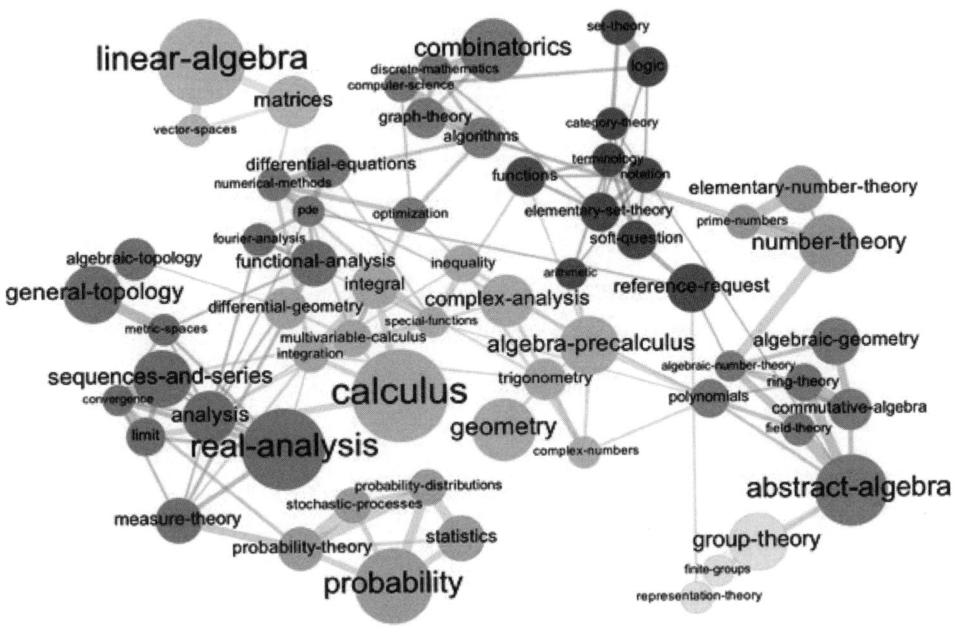

[출처] https://math.meta.stackexchange.com/questions/6479/a-graph-map-of-math-se

▶ Final PBL 보고서/기말고사 [TakeHome/OpenBook Exam]

보고서 양식 다운로드: http://matrix.skku.ac.kr/PBL-Form/PBL.hwp

(English Version MS Word file PBL report (Form and Sample) :

Download: http://matrix.skku.ac.kr/PBL-Form/PBL-Report-Form-English.docx)

[예시]

Midterm PBL Report (개인성찰 노트) http://matrix.skku.ac.kr/2020-Mid-PBL-1/
http://matrix.skku.ac.kr/2020-Mid-PBL-2/
Final PBL Report (개인성찰 노트) http://matrix.skku.ac.kr/2020-math4ai-final-pbl/
(영어) http://matrix.skku.ac.kr/2020-Math4AI-Final-pbl2/

http://matrix.skku.ac.kr/2015-album/2015-F-LA-Sep-Record.pdf

(영어) http://matrix.skku.ac.kr/2018-album/LA-PBL.htm

http://matrix.skku.ac.kr/2019-Album/DM-PBL/index.htm

http://matrix.skku.ac.kr/Cal-Book1/Calculus-1/index.htm

http://matrix.skku.ac.kr/Cal-Book1/Calculus-2/index.htm

http://matrix.skku.ac.kr/math4ai/PBL-Record/

http://matrix.skku.ac.kr/2020-Math4AI-PBL/
Math4AI-Final PBL 보고서 발표 0 박0아 https://youtu.be/8YPalf6lXvE
Math4AI 학생 발표, 나0진-김0준-이0현-안0진 https://youtu.be/2HX0t_MGcxc

[샘플 강의]

강의계획서 설명, https://youtu.be/p8eGmEbm6qk

인공지능이란 무엇인가? (Dummy를 위한 AI) https://youtu.be/F1HNFGAMhro

최소제곱해를 구하는 방법, https://youtu.be/xGZPBT4Q4t4

QR 분해를 이용하여 최소제곱해를 구하는 방법, https://youtu.be/iAnKfEiph7Y

특잇값분해(SVD)의 이해와 계산, https://youtu.be/0aCnKbrVyhQ

경사하강법과 최적해, https://youtu.be/IADbbl_iAwI

공분산행렬, https://youtu.be/MSu5_ehP_Ug

주성분분석과 차원축소, https://youtu.be/Skyi06WVRgA

인공신경망과 오차역전파법, https://youtu.be/T6OSpzz00HU

VI

읽을거리, 참고문헌, 기타

인공지능을 이해하고 다루는 도구: 수학과 코딩

이상구 성균관대학교 수학과 교수

http://www.polymath.co.kr/contents/view/18134

상품 추천, 음성 인식, 번역, 질병 진단 등 인공지능은 우리 삶에 아주 가까이 다가와 있습니다. 그런데 인공지능을 이해하고 활용하려면 수학과 코딩이 필수라는 사실, 알고 있나요? 2020년 5월부터 이상구 성균관대학교 수학과 교수님이 인공지능, 수학으로 타파를 연재하며 인공지능을 쉽고 재밌게 가르쳐줄 예정입니다.

먼저 교수님께 궁금한 점을 물어봤습니다!

Q. 인공지능을 왜 배워야 하나요?

사람의 말을 알아듣고 지시를 따르는 '시리', 고객의 취향을 예측하는 '넷플릭스'와 '아마존'의 추천 시스템, 환자의 병을 전문가보다 빠르고 정확하게 진단하는 '왓슨' 등의 인공지능은 이미 우리 삶에 깊숙이 파고 들어와 있어요, 공장과 도로에서는 인공지능 로봇이 사람을 대신하지요. 앞으로 인공지능에 더욱 의존하면 사람들이 일자리를 잃을 수도 있다고 예측하는 전문가도 있어요. 어쩌면 인공지능은 우리의 삶의 질을 높이는 동시에 위협이 되는 기술이에요.

인공지능을 적절하게 활용하고 인공지능이 가져오는 변화에 대처하려면 무작정 두려워하기보다 인공지능이 무엇인지 그리고 어떻게 작동하는지 그 기본 원리를 이해해야 합니다. 대부분의 선진국이 4차 산업혁명의 핵심 기술로 인공지능을 꼽았고, 우리나라는 2019년 12월 '인공지능 국가 전략'을 발표하며 인공지능 개발을 위한 계획을 세웠어요. 하지만 이미 초등학생용 인공지능 교과서까지 완성한 일본과 중국에 비하면 많이 뒤처져 있죠. 세계적인 추세에 발맞추려면 우리나라도 초등학생 때부터 인공지능을 활용하는 능력을 길러야 합니다.

Q. 인공지능과 수학은 어떤 관련이 있나요?

인공지능은 지능이 있는 사람의 행동을 대신하는 컴퓨터를 개발하는 연구의 세부 분야예요. 인공지능을 구현하는 기술인 딥러닝과 같은 기계학습은 응용수학 분야라고 할 만큼 수학이 매우 광범위하게 쓰입니다. 데이터는 전부 행렬로 표현되고, 알파고가 기보를 학습하듯 인공지능이 데이터를 학습하고 예측할 때는 선형대수학, 다변수 함수, 편미분방정식, 통계, 최적화 이론처럼 대학에서 배우는 수학 개념과 이론이 쓰이죠. 따라서 수학 개념을 먼저 익히고 이를 프로그래밍 할 수 있는 코딩 명령어를 배워야 비로소 인공지능을 이해하고 활용할 수 있어요. 그렇다고 겁먹을 필요 없어요. 인공지능의 구조는 생각보다 단순하며, 우리가 이해할 수 있는 수학 이론과 절차에 따라 만들어졌으니까요.

Q. 앞으로 진행할 '인공지능, 수학으로 타파'를 어떻게 활용하면 좋을까요?

5월부터 매달 1일에 폴리매스 홈페이지에 글을 1개씩 올려 인공지능에 얽힌 일화와 관련 수학자 이야기, 그리고 인공지능에 필요한 수학 개념과 코딩 명령어를 소개할 예정입니다. 글을 읽고 수학 개념이 구체적으로 어떤 부분에 쓰이는지 이해한 뒤 수학 개념과 관련 코딩 명령어를 익혀보시오.

글 마지막에 있는 실전 문제를 친구들과 댓글로 상의하며 해결하고, 코딩 명령어로 풀 수 있는 문제를 소개하는 것도 좋습니다. 한 단계씩 차근차근 익혀 인공지능과 수학을 모두 잡으시오!

[EBS 고등학교 과정 〈인공지능 기초 수학 입문〉 자료실]

http://matrix.skku.ac.kr/kofac/book/ (고등학교 Math4AI 샘플)

http://matrix.skku.ac.kr/kofac/ (Math4AI 실습실)

http://matrix.skku.ac.kr/kofac2/ (파이썬 데이터 처리 도구)

참고문헌

[1] [온드림 빅북] 이상구, 이재화, **인공지능을 위한 기초수학**, 교보문고 퍼플, 2019, ISBN 978-89-24-06612-8. http://matrix.skku.ac.kr/math4ai/Math4AI.pdf

[2] 이상구, 이재화, 함윤미, **인공지능(Artificial Intelligence)과 대학수학교육**, 한국수학교육학회지 시리즈 E 〈수학교육 논문집〉, Vol. 34, No. 1, Feb. 2020. 1-15.

[3] 박경은, 이상구, 함윤미, 이재화, **파이썬(Python) 기반의 코딩교육을 적용한 대학 미적분학의 교수·학습**, 한국수학교육학회지 시리즈 E 〈수학교육 논문집〉, Vol. 33, No. 3, Sep. 2019. 163-180.

[4] 이상구, 이재화, **학생중심의 대학 이산수학 강의 운영사례**, 한국수학교육학회지 시리즈 E 〈수학교육 논문집〉, Vol. 33, No. 1, Feb. 2019. 1-19.

[5] 이상구, 이재화, 김영록, 함윤미, **4차 산업혁명에 대응하는 대학수학교육: 선형대수학과 산업수학을 중심으로**, 한국수학교육학회지 시리즈 E 〈수학교육 논문집〉, Vol. 32, No. 3, Sep. 2018. 245-255.

[6] 이상구, 이재화, 박준현, 김응기, **'SageMath를 활용한 '대화형 공학수학 실습실'의 개발과 활용**, 한국수학교육학회지 시리즈 E 〈수학교육 논문집〉, Vol. 30, No. 3, Sep. 2016. 281-294.

참고 자료실

[Math4AI PBL 보고서, 가을 학기] http://matrix.skku.ac.kr/math4ai/PBL-Record/

[Math4AI PBL 보고서, 봄 학기] http://matrix.skku.ac.kr/2020-Math4AI-PBL/

[학생 Project, 최*호] http://matrix.skku.ac.kr/math4ai/Project-1/

[학생 발표, 화공과 최*호] https://youtu.be/zJ4PTgnWyac

[학생 Project, 2팀] http://matrix.skku.ac.kr/math4ai/Project-2/

[학생 발표, 1학년, 김*훈] https://youtu.be/3e0VybhOS1U

[학생 발표, 1학년, 엄*민] https://youtu.be/kldV0YcuYu8

[학생 발표, 2학년, 김*예] https://youtu.be/kNFxp8SP5Rc

[학생 발표, 최*오] https://youtu.be/kWrqiiJ3oDE

[대한수학회 발표: 인공지능에 필요한 수학은?] https://youtu.be/KP1WSi69Mu0

〈인공지능 기초수학〉 교재 http://matrix.skku.ac.kr/math4ai/Math4AI.pdf

수학동아 주니어 폴리매스 [인공지능, 수학으로 타파]

http://www.polymath.co.kr/contents/list/020207 http://www.polymath.co.kr/contents/list/020201

[폴리매스] (인터뷰 1) http://www.polymath.co.kr/contents/view/740?page=1

[폴리매스] (인터뷰 2) http://www.polymath.co.kr/contents/view/18134

Intro. 인공지능이란? http://www.polymath.co.kr/contents/view/18109?page=1

#1 행렬로 딥러닝 따라잡기 http://www.polymath.co.kr/contents/view/18142

#2 최소제곱법으로 딥러닝 따라하기 http://www.polymath.co.kr/contents/view/19796?page=1

#3 최소제곱법으로 딥러닝 따라하기 (도전) http://www.polymath.co.kr/contents/view/21717?page=1

대한수학교육학회, 기조강연, AI and 수학교육, https://youtu.be/hH5wP4GS4ns

[대한수학회 발표: 인공지능에 필요한 수학은?] https://youtu.be/KP1WSi69Mu0

http://matrix.skku.ac.kr/kofac/ (Math4AI 실습실)

http://matrix.skku.ac.kr/kofac2/ (파이썬 데이터 처리 도구)

http://matrix.skku.ac.kr/math4ai/

수학실습실(사이버 Lab)

[K-MOOC] 인공지능을 위한 기초수학 입문 실습실

01주차 http://matrix.skku.ac.kr/math4ai-intro/W1/

02주차 http://matrix.skku.ac.kr/math4ai-intro/W2/

03주차 http://matrix.skku.ac.kr/math4ai-intro/W3/

04주차 http://matrix.skku.ac.kr/math4ai-intro/W4/

05주차 http://matrix.skku.ac.kr/math4ai-intro/W5/

06주차 http://matrix.skku.ac.kr/math4ai-intro/W6/

07주차 http://matrix.skku.ac.kr/math4ai-intro/W7/

08주차 http://matrix.skku.ac.kr/math4ai-intro/W8/

09주차 http://matrix.skku.ac.kr/math4ai-intro/W9/

10주차 http://matrix.skku.ac.kr/math4ai-intro/W10/

11주차 http://matrix.skku.ac.kr/math4ai-intro/W11/

12주차 http://matrix.skku.ac.kr/math4ai-intro/W12/

13주차 http://matrix.skku.ac.kr/math4ai-intro/W13/

14주차 http://matrix.skku.ac.kr/math4ai-intro/W14/

[참고 자료] http://matrix.skku.ac.kr/kofac/Book/

http://matrix.skku.ac.kr/math4ai/

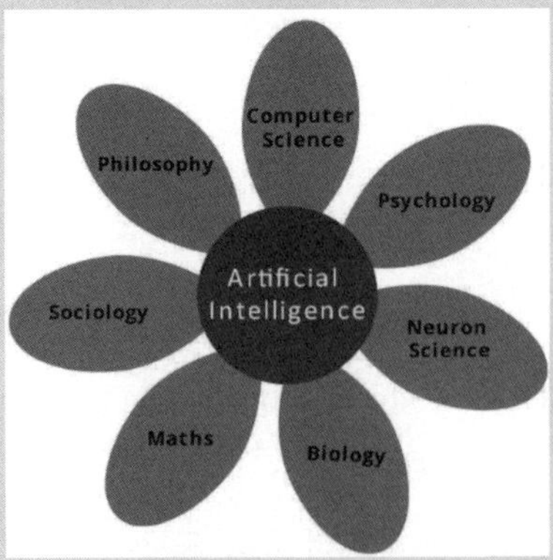

[출처]

https://www.tutorialspoint.com/artificial_intelligence/artificial_intelligence_overview.htmtml